西北大学"双一流"建设项目资助
Sponsored by First-class Universities and Academic
Programs of Northwest University

低频模拟电路实验

DIPIN MONI DIANLU SHIYAN

主编 胡琦瑶 彭进业

西北大学出版社
·西安·

图书在版编目（CIP）数据

低频模拟电路实验 / 胡琦瑶，彭进业主编 . —西安：
西北大学出版社，2023.8
ISBN 978-7-5604-5185-5

Ⅰ . ①低… Ⅱ . ①胡… ②彭… Ⅲ . ①低频—模拟电
路—实验—教材 Ⅳ . ①TN710-33

中国国家版本馆 CIP 数据核字（2023）第 152190 号

低频模拟电路实验

DIPIN MONI DIANLU SHIYAN

胡琦瑶 彭进业 主编

出版发行 西北大学出版社

（西北大学校内 邮编：710069 电话：029-88303059）

http://nwupress.nwu.edu.cn E-mail:xdpress@nwu.edu.cn

经 销	全国新华书店	
印 刷	西安华新彩印有限责任公司	
开 本	787 毫米×1092 毫米 1/16	
印 张	13.5 2 插页	
版 次	2023 年 8 月第 1 版	
印 次	2023 年 8 月第 1 次印刷	
字 数	215 千字	
书 号	ISBN 978-7-5604-5185-5	
定 价	36.00 元	

本版图书如有印装质量问题，请拨打 029-88302966 予以调换。

前　言

　　"低频模拟电路技术"课涵盖了电路分析、模拟电路以及集总电路分析等诸多知识，同时也是高频电子电路、射频电路课程的基础课程。"低频模拟电路技术"是一门实践性非常强的课程，要学好低频模拟电路的理论知识，离不开实验教学这一个必要且重要的环节。在实践中巩固理论基础，加深知识理解也是学好"低频模拟电路技术"的重要前提。鉴于此，非常有必要针对课程编写一本集理论知识巩固与实验教学于一体的实验教材《低频模拟电路实验》。

　　《低频模拟电路实验》涉及低频模拟电路知识点的多个方面。包括了解资料收集查找方法，了解行业标准、仪器仪表的使用，设计软件与仿真软件的使用，硬件的操作、装配、设计、测试方法；还涉及关于电路分析方法、信号与系统分析方法、集总电路分析方法、线性器件与非线性器件特性以及常见电子元器件特性介绍等。首先，通过介绍基础概念，完善初学者对模拟电路相关知识的了解；其次，通过在基础实验中讲解原理、读者亲自操作实验来加深巩固低频模拟电路的理论知识，了解理论模型与分析方法在实际中的应用手段，了解实际中电路的工作原理与方式；最后，在综合设计部分引导读者自行使用所学知识尝试设计具有一定实用性与挑战性的电路，在这个环节中，读者可以感受低频模拟电路的应用过程与设计方法，体验到使用所学知识解决现实工程问题的感觉，最终帮助读者全面了解低频模拟电路的系统设计方法。

　　本书分为六个章节。第一章介绍了低频模拟电路相关知识。第二章介绍了低频模拟电路常用仪器及实验箱。第三章介绍了低频模拟电路设计常用软件。第四章介绍了从单级放大器一直到波形发生电路的多个基础模拟电路实验方法。这里重点偏向理论验证，实验提供了完善的电路设计参考以及实验测试方法，引导读者将理论付诸实践，验证测试数据、电路的正确性。第五章介绍了部分参考电路设计，需要读者参考多方资料，自行决定电路方案与器件选择，进而设计出符合要求的电路。这里安排的电路都是从实际应用中能找到的小模块，更加偏向实用性，注重设计与测试方法的锻炼。第六章介绍了一种在线实验平台的使用方式，这是一种在新冠肺炎疫情环境下，为了方便实现非接触的防疫要求而被提出的新模式。结合虚拟仪器技术、远程调试技术，用户可以通过客户端方便地使用远端的真实仪器进行实验。这种方式的好处是使用者可以随时随地的不受限制地进行丰富的实验。在本书的最后，用附录的形式给出了常见电子器件的选择手册，读者可以当作工具书查找参考选型。

本书本着通俗易懂、简明扼要的原则，力求使用清晰准确的编写风格。在每一章节前先阐明需要的先行知识点，简洁地陈述章节的内容；在内容安排上，先将易混淆的知识点提出，并将原理讲明或推理一遍，然后本着实用原则，尽可能考虑以初学者的视角去适应新的实验，通过典型的实验介绍广泛的相关知识点，必要时适当扩充课外知识，便于初学者从理性到感性的认知，并学习不同层次的知识，顺利按照要求完成实验内容。

本书是结合编者多年的实践教学经验以及竞赛指导经验编写而成的，因而侧重通过实验加深对基础低频模拟电路技术基础知识的理解，既适合拥有基础电路知识的初学者使用，也适合希望参加相关学科竞赛的学生自学。还可作为培养工程技术应用人才和电路设计人才的实践性教材。

本书由胡琦瑶、彭进业担任主编。西北大学信息科学与技术学院的闫丽、宋竹霞老师贡献了实验讲义，邓周虎、唐升、艾娜、齐锦以及刘璐等老师对本书的编写提供了大力支持，学生王彦斌校对了部分文稿，在此一并表示衷心感谢。

本书的编写得到了教育部产学合作协同育人项目（新工科背景下电子线路实验教学师资培训）、西北大学本科人才培养项目（教材建设）、西北大学高水平教材出版培育项目的联合资助。

由于编者水平有限，书中难免出现错漏和不完善之处，希望读者能发现错误并指正，编者感激不尽。

编　者

2023 年 7 月

目　录

第一章　低频模拟电路相关知识

本章将讲解模拟电路的一些基础知识。主要包括低频模拟电路的电路图阅读与绘制规范、常见低频模拟电路元器件的简介、将分离元器件与集成电路连接成整体的方式，以及对模拟集成电路芯片的一些介绍。

学习本章的内容，读者应具备物理学、电路分析与低频模拟电路的理论基础。建议读者先学习完这些内容，再去学习相关内容；或者在学习本章内容时同步学习相关内容。

1.1　低频模拟电路基础知识

在电路分析和低频模拟电路的理论学习中，我们已经接触了一些工程与实践中的知识，这里将做一些总结归纳，并侧重讲解低频模拟电路在工程与实验中的内容。

1.1.1　电路图绘制规范

在电路分析中，我们已经知道了电路是一种"图"的结构，电路的所有连接关系是由元器件与导线构成的支路和连接节点之间的拓扑关系完全确定的。据此可知，一个电路可能有多种具体的表达方式，只要它们之间的连接关系相同，就说明它们是一个电路图（图1.1）。一张电路图通常有几十乃至几百个元器件，且连线复杂，因此电路图的绘制方法需要遵循一定的标准，来确保电路图的易读性。

为了交流顺畅、避免歧义与记载的准确性，电路图的绘制需要遵循一定的规范。规范的电路图就像是一种电子工程师之间的语言，可以准确表述电路结构和功能，而无需多余的解释。电路图的规范包括符号规

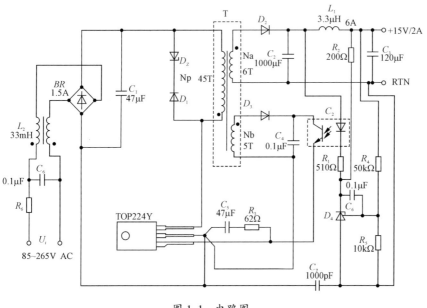

图 1.1 电路图

范、布局规范、线路规范。

1. 符号规范

要绘制符合标准的电路图,最重要的一点就是元器件符号的正确使用。电路符号是实际元器件的抽象表示,一般电路符号都是由简单的线条图形构成的,具有易读、易于绘制的特点。借助于专业的电路辅助设计软件,我们一般只需选择合适的电路图标准即可防止出错。不过在某些特殊场合,比如需要手绘的场景与需要自己设计电路库并导入软件时,也应该尽可能地符合国家标准或约定俗成的标准。常见的元器件已经有一套具体的电气图纸符号规范,这包括 DIN(德国标准化协会)规范与 ANSI(美国国家标准学会)规范。两者在一些电路符号上有细微区别,都是主流的电路元器件符号规范(图 1.2)。在 CAD 或 EDA 软件中自己绘制电路图时也应该尽可能地符合这一套规范,在符号本身的设计时还应该注意引脚编号的规范等细节。本书附录列举了每种常见的元器件的电路符号,供读者参考查阅。我们在绘制电路时也应该尽可能使用通用的电路符号,以便于阅读与传播。

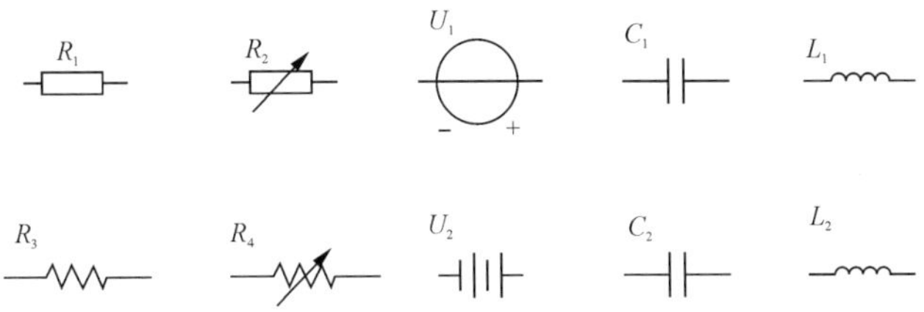

图 1.2　常见元器件中 DIN（上）与 ANSI（下）符号的区别

2. 布局与线路规范

在布局时，可以优先考虑功能布局法，即功能相关联的单元电路采取靠近绘制处理，以使电路关系表达得清晰明了。电路图应完整地反映电路的组成，即要把电源、用电器、导线和开关都画在电路之中，不能遗漏某一种电路元件，还应特别注意电源的极性及导线交叉时是否相连。

一个复杂的电路通常采用分层次设计的方法，这有助于化整为零，逐个设计调试，降低开发难度。如果电路包含很多个分开的部分的话，各个功能组之间要留有一定的分隔区间，以便于识别在组间的连线上定义网络名，以及放置功能注释文字。

元器件的放置一般只有竖直和水平两种，不允许将器件放置成不规则的状态。器件之间的摆放要均匀，不拥挤，能对齐的尽量要管脚对齐。

在复杂电路图中，如果有功能单元电路在布局时区分得不够明显，可以用虚线框加以划分。在采用线框时，应注意包络框线不能和元器件图形符号、项目代号等属性相交。

在一张电路图中，当连线跨度太大的时候，可以用网表符号或者接线器来连接，这样所绘制的原理图信号流向更加清晰明了，一般用于多个功能组之间连接线的绘制。结合分组方法可以更有效地提升电路图的易读性（图 1.3）。

电路的图纸也是有要求的，一般使用工程制图标准的图纸，即 A0、A1、A2、A3、A4 或 A5 幅面大小的图纸，并且应该在右下角标明图纸编号、图纸名称、绘制人等信息。应该尽可能选取可以容纳下所有电路的最小幅面的图纸。对于非常复杂的电路，可以使用多张图纸构成一个

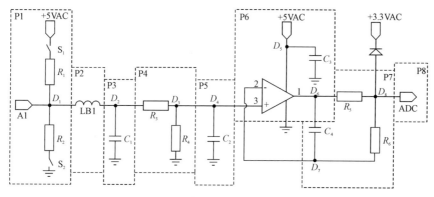

图 1.3　一张中规模的模拟集成电路图

系列，对图纸编号并附带说明书。电路分页时应尽可能按照电路功能划分。

总体上讲，绘制电路图时应保证正确的电路拓扑关系，同时应尽可能布局美观、简洁、易读。

1.1.2　常见元器件简介

电子元器件是构成模拟电路以及各种电子电路设备的基本单元，具有种类繁多、作用不同、性能各异等特点，了解和掌握其性能特点及测试方法是学习模拟电路的基本要求。

电子元器件是元件和器件的总称。电子元件是指在工厂生产加工时不改变材料分子结构和成分的成品，如电阻器、电容器、电感器等。因为它本身不产生电子，它对电压、电流无控制和变换作用，所以又称无源器件。按分类标准，电子元件可分为 11 个大类。本部分将对电阻器、电位器、电容器和电感器等最常用的电子元件分类和主要参数做简要介绍。电子器件是指在工厂生产加工时改变了材料成分和结构的成品，如晶体管、集成电路等。因为它工作时需要有外部电源，本身能产生电子，对电压、电流有控制、变换作用（放大、开关、整流、检波、振荡和调制等），因此又称有源器件。按分类标准，电子器件可分为 12 个大类，还可按照其结构归纳为真空电子器件和半导体器件两部分。

元器件需要使用合适的封装，用来满足工作环境的要求。常见的元器件封装类型有通孔直插、贴片封装（表面贴装）、金属封装、单独封装等形式。每一大类的封装形式具有很多种封装方式。为了统一接口与规范，电气电子工程师学会（IEEE）推荐使用英制单位描述器件封装参数，并承认了一系列约定俗成的封装形式。这些统一体积规格、电气规格、编号命名的一系列文件成为"标准"。生产厂家、供应商与设计工程师需要遵守这些共同的标准，保证相互电气电路之间的兼容性与替换性。目前，全球大多数供应商都遵循这一套标准，不管是针对之前元器件的生产还是未来元器件的设计。在使用 EDA 软件设计电路的时候，也可以直接从供应商网站下载元器件的封装图，以便于加速开发。附录列举了常用的元器件封装图。

1. 电阻器

当电流通过导体时，导体对电流的阻碍作用称为电阻，在电路中起电阻作用的元件称为电阻器，简称电阻。电阻器是电子产品中最通用的电子元件。它是耗能元件，在电路中的主要作用是分流、限流、分压、用作负载电阻和阻抗匹配等。

电阻器在电路图中用字母 R 表示，其常用的电路符号如图 1.4 所示。

(a) 电阻的一般符号 　　(b) 可调电阻 　　(c) 压敏电阻 　　(d) 光敏电阻

图 1.4　电阻器的电路符号

电阻的 VCR（电流电压关系）为

$$U = I \cdot R \tag{1-1}$$

电阻的单位为欧姆（Ω），其他单位还有千欧（kΩ）、兆欧（MΩ）等，换算方法是：

$$1k\Omega = 1 \times 10^3 \Omega \tag{1-2}$$

$$1M\Omega = 1 \times 10^3 k\Omega \tag{1-3}$$

电阻器表面所标注的阻值叫作标称阻值。不同精度等级的电阻器，其阻值系列不同。标称阻值是按国家标准 GB/T2471—1995 规定的电阻器标称阻值系列选定的。

电阻器的允许误差就是指电阻器的实际阻值对于标称阻值的允许最大误差范围，它标志着电阻器的阻值精度。普通电阻器的允许误差有 ±5%、±10%、±20% 三个等级，允许误差越小，电阻器的精度越高。精密电阻器的允许误差可分为 ±2%、±1%、±0.5%、…、±0.001% 等十几个等级。

电阻器通电工作时，本身由于消耗能量而发热导致温度上升，如果温度过高就会将电阻器烧毁。在规定的环境温度下允许电阻器承受的最大耗散功率，必须保证在此功率限度下电阻器可以长期稳定地工作，且不会显著改变其性能和造成损坏，这一最大耗散功率限度就称为额定功率。一般地，电阻的额定功率是确定的一些值，这方便了行业内的型号统一，如线绕电阻器额定功率系列规定为：1/20W、1/8W、1/4W、1/2W、1W、2W、4W、8W、12W、16W、25W、40W、50W、75W、100W、150W、250W、500W。

电阻器正常工作时不会导致内部或表面绝缘层击穿损坏的最小电压值称为额定电压。

温度每变化1℃所引起的电阻值的相对变化率即温度系数。温度系数越小，电阻的稳定性越好。阻值随温度升高而增大的为正温度系数，反之为负温度系数。

电阻器由于其使用条件的不同而种类繁多、形状各异，其电气特性也有很大差别。电阻器因应用环境的需要有多个分类方法。电阻器按结构形式分类有固定电阻器、可变电阻器两大类，这两类电阻器又根据焊接工艺的不同有插装式外形和表面贴装式外形。固定电阻器的种类比较多，主要有实心电阻器、薄膜电阻器、厚膜电阻器和线绕电阻器等。固定电阻器的电阻值不变，阻值的大小就是其标称值。可变电阻器可以通过调节其动触点位置改变电阻值。电阻器按材料分类有线绕电阻器、碳膜电阻器、金属膜电阻器、水泥电阻器。电阻器按形状分类有圆柱状、管状、片状、钮状、马蹄状、块状等。电阻器按用途分类有普通电阻器、精密型电阻器、高频型电阻器、高压型电阻器、高阻型电阻器、敏感型电阻器。常用的电阻器有许多，图 1.5 列举了几种常见的电阻器。

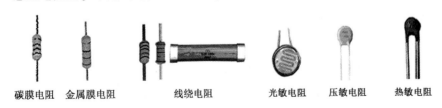

碳膜电阻 金属膜电阻   线绕电阻   光敏电阻   压敏电阻   热敏电阻

图 1.5 常见的电阻器外观

我们可以在实验箱上找到常见的薄膜电阻器，这也是一般电路产品中最常见的电阻器。

电阻器型号的命名也有国家标准，根据 GB/T2470—1995 命名标准，电阻器的阻值需要按照格式要求标注在器件上面，以方便维修时更换与选择查找。由于受电阻器表面积的限制，通常只在电阻器表面标注电阻器的类别、标称阻值、精度等级、允许误差和额定功率等主要参数。电阻器常用的标注方法有以下几种：

（1）直接法。直接法是将电阻器的主要参数直接印刷在电阻器表面上的一种方法（图1.6），即用字母、数字和单位符号在电阻器表面标出阻值，其允许误差直接用百分数表示，若电阻器上未标注允许误差，则均为±20%。

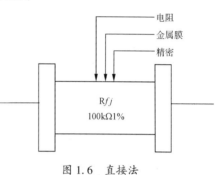

图 1.6　直接法

（2）文字符号法。文字符号法是将电阻器的主要参数用数字和文字符号有规律地组合起来印刷在电阻器表面的一种方法（图1.7）。该标注法中电阻器的允许误差也用文字符号表示。

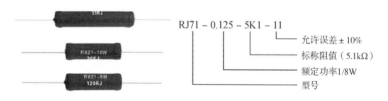

图 1.7　文字符号法

其组合形式为：整数部分+阻值单位符号+小数部分+允许误差。

（3）数码法。数码法是用三位数字表示阻值大小的一种标注方法，通常用于体积较小的电阻器参数标注（图1.8）。标注方法为从左到右，第一、第二位数字为电阻器阻值的有效数字，第三位则表示前两位数字后面应加上"0"的个数。单位为欧姆，允许误差通常采用文

图 1.8　数码法标注的贴片电阻

字符号表示。

（4）色环法。色环法是用不同颜色的色环把电阻器的参数（标称阻值和允许偏差）直接标注在电阻器表面的一种办法（图 1.9）。国外电阻器大部分采用色标法。色环的颜色与数字的对应关系如下：

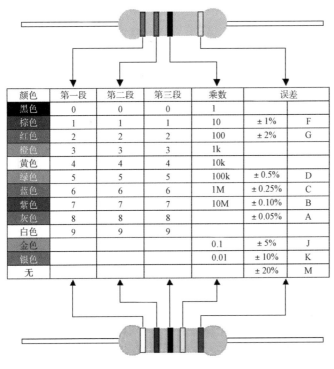

颜色	第一段	第二段	第三段	乘数	误差	
黑色	0	0	0	1		
棕色	1	1	1	10	± 1%	F
红色	2	2	2	100	± 2%	G
橙色	3	3	3	1k		
黄色	4	4	4	10k		
绿色	5	5	5	100k	± 0.5%	D
蓝色	6	6	6	1M	± 0.25%	C
紫色	7	7	7	10M	± 0.10%	B
灰色	8	8	8		± 0.05%	A
白色	9	9	9			
金色				0.1	± 5%	J
银色				0.01	± 10%	K
无					± 20%	M

图 1.9   色环法

电阻器的标识损坏时，可以使用万用表或电桥测量。在大多数场合下，使用普通万用表测量即可达到需要的精度。

2. 电位器

电位器是一种阻值可以连续调节的电子元件，有时我们也称其为"滑动变阻器""可变电阻"。在电子产品设备中，经常用它来进行阻值调节，或者使用电阻的串联分压原理实现电位的调节。如在收音机中用它来调节音量等。电位器对外有三个引出端，一个是滑动端，另两个是固定端。滑动端可以在两个固定端之间的电阻体上滑动，使其与固定端之间的电阻值发生变化。

电位器在电路中用字母 R_P 表示，其常用的电路符号如图 1.10 所示。

图 1.10　电位器符号图

电位器的技术参数很多，最主要的参数有三项：标称阻值、额定功率和阻值变化规律。其参数定义与固定电阻相同。

电位器的阻值变化规律是指其阻值随滑动片触点旋转角度（或滑动行程）之间的变化关系。这种关系理论上可以是任意函数形式，实用的有直线式（X）、对数式（D）和指数式（Z）。在使用中，直线式电位器适于用作分压、偏流的调控；对数式电位器适于用作音频控制和黑白电视机对比度调整；指数式电位器适于用作音量控制。

电位器的种类很多，用途各不相同，通常可按其制作材料、结构特点、调节机构运动方式等进行分类。常见的电位器如图 1.11 所示。

图 1.11　电位器的外形图

3. 电容器

电容器是电子电路中常用的元件，由两个导电极板和中间所夹的一层绝缘材料（电介质）构成。电容器是一种储存电能的元件，在电路中具有隔断直流、通过交流的特性，通常可完成滤波、旁路、极间耦合，以及与电感线圈组成振荡回路等功能。

电容器储存电荷量的多少，取决于电容器的电容量。电容在数值上等于一个导电极板上的电荷量与两块极板之间的电位差的比值。公式如下：

$$C = \frac{Q}{U} \qquad (1\text{-}4)$$

电容器在电路中用字母 C 表示，常用的电容器电路符号如图 1.12 所示。

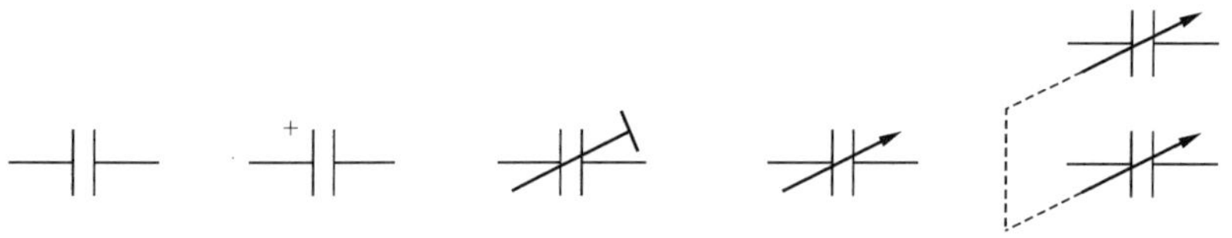

（a）固定电容器　（b）电解电容器　（c）微调电容器　（d）可调电容器　（e）双连可调电容器

图 1.12　电容器的电路符号

电容器的 VCR 为

$$I \cdot \mathrm{d}t = C \cdot \mathrm{d}u \qquad (1\text{-}5)$$

由于高阶线性微分方程常常使用拉普拉斯变换辅助求解，所以我们常使用其拉普拉斯域（Laplace Domain）的 VCR 为

$$I(s) = C \cdot sU(s) \qquad (1\text{-}6)$$

电容的基本单位为法拉（F）。但实际上，法拉是一个很不常用的单位，因为电容器的容量远远比一法拉小得多，常用毫法（mF）、微法（μF）、纳法（nF）和皮法（pF）。它们之间的换算关系是

$$1\mathrm{F} = 10^3\,\mathrm{mF} = 10^6\,\mathrm{\mu F} = 10^9\,\mathrm{nF} = 10^{12}\,\mathrm{pF} \qquad (1\text{-}7)$$

电容器的种类很多，分类方法也各有不同，电子线路设计中常按照用途区分电容器的种类。按结构分为三大类：固定电容器、可变电容器、半可变（微调）电容器。按介质材料分类分为有机介质电容器、无机介质电容器、电解电容器和气体介质电容器等。电容器种类极多，但是它们在正常工作时表现出来的电器属性基本相同。在选型时，应综合考虑工作环境、工作参数与成本等因素，选择最合适的电容器类型。

电容器的主要参数包括电容标称容量、允许误差、额定工作电压（耐压）和绝缘电阻。电容量是电容器最基本的参数。标在电容器外壳上的电容量数值称为标称容量，是标定过的电容值，其数值大小由 GB/T2471—1995 规定，常用的标称系列和电阻器的相同。不同类别的电容器，其标称容量系列也不一样。当标称容量范围在 0.1～1μF 时，

标称系列采用 E6 系列。对于有机薄膜、瓷介、玻璃釉、云母电容器的标称容量采用 E24、E12、E6 系列。对于电解电容器采用 E6 系列。

电容器的额定工作电压是指电容器长期连续可靠工作时，极间电压不允许超过的电压值，否则电容器就会被击穿损坏。额定工作电压值以直流电压在电容器上标出。

电容器的绝缘电阻是指电容器两极之间的电阻值，或叫漏电电阻。电容器由于制造工艺和绝缘介质的缺陷在两极之间会形成漏电，从而使电容器极板间的电阻值无法实现无穷大，呈现一定的阻值，一般绝缘电阻在 1 000MΩ 以上。除电解电容器外，一般电容器漏电流都极小。电容器的漏电流越大，绝缘电阻越小。当漏电流较大时，电容器发热可能会导致电容器的损坏。因此在使用中应选择绝缘电阻大的电容器。

常用的电容器很多，图 1.13 列举了三种常见的电容器。

图 1.13 常见的电容器

电容器的标注方法有直标法、文字符号法、数码法和色标法，与电阻基本相同，不过电容的基本单位一般使用 pF。例如"105"表示 10^5 pF，也就是 0.1μF。

4. 二极管

二极管是一种非常普遍的器件。最早的二极管是电子管的一种类型，因为有两个电极，所以被称为二极管。目前常见的二极管都是通过在本征半导体上掺杂其他材料而构成 PN 结从而实现二极管功能，利用 PN 结两侧电子浓度与电压之间的约束关系实现功能。半导体二极管具有良好性能、适应性强、功耗低、可靠性强、廉价、易于使用、体积小、重量轻等优点，被广泛应用于各类电路中。

二极管是一种非线性器件，一个理想二极管在正向接入时电阻为 0，在反向接入时电导为 0。因此我们称二极管具有单向导通特性。因为在正向加电压时，理想二极管相当于短路，反向加压时理想二极管相当于断路，所以二极管也具有开关特性。二极管的非线性特性使得其具有线性电路所不具备的许多特性，如在一些频率搬移电路中的应用等。

实际二极管的 VCR（二极管方程）为

$$I=I_S(e^{\frac{U}{U_T}}-1) \tag{1-8}$$

其中 I_S 称为反向饱和电流，为二极管在反向接入电路时通过的最大电流，饱和后的二极管继续增加反向电压电流不会继续增大，除非击穿。U_T 称之为二极管温度系数，一般同种二极管该参数相同。常温下，$U_T \approx 26\text{mV}$。上述性质主要是由 PN 结性质产生的，导通电压一般约等于 PN 结电压。可以做近似计算，认为在大于一定正向电压后，二极管为短路，小于该电压时为开路。在这种情况下，实际二极管可以等效为一个理想二极管与一个电压源的串联（图 1.14）。硅二极管的 PN 结电压一般认为是 0.68V，而锗二极管 PN 结电压一般为 0.2V。

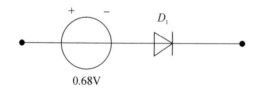

图 1.14   实际硅二极管的电路等效

二极管在电路图中常用字母 D 表示。电路符号如图 1.15 所示。

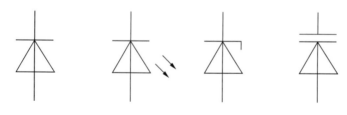

图 1.15   常见的二极管

二极管有很多种类。图 1.15 中从左向右为普通二极管、发光二极管（LED）、稳压二极管、变容二极管。

普通二极管最常见的作用为整流，比如在电源中构成全桥整流器，将交流电变为直流电。或应用其开关特性作为频率变换电路的一部分，比如包络检波器。

发光二极管可以用于照明与交互指示灯，比如路由器上的绿色闪烁指示灯，或者楼道内的节能灯。随着电子科学与技术和材料的发展，LED 也趋向于微型化，使用大量三原色微型 LED 可以构成阵列，作为显示器，比如应用于 OLED 屏幕。不管是大功率还是小功率的，发光二极管的工作电压一般为 1.8~2.2V。正常工作时可以等效为电阻。

稳压二极管的反向击穿电压很低。利用 PN 结反向击穿状态时，其电流可在很大范围内变化而电压基本不变的现象，可制成起稳压作用的二极管。常见的稳压二极管应用于线性稳压器参考电位源、过压保护电路等。一般可以将正常工作的稳压管等效为电压源与两个理想二极管的组合。

变容二极管在生产时，会刻意放大 PN 结的结电容随反向电压改变的效应，从而利用这个规律。变容二极管一般工作在反向状态，其结电容会随着两端所加反向电压而变化。常见的变容二极管应用在电压控制电容的场合，比如调频发射机。变容二极管的电容改变时，振荡电路的谐振频率也会发生改变，从而实现频率调制。变容二极管可以等效为一个电压控制的电容器。

光电二极管是一种换能器件。发光二极管是将电能转化为光能，而光电二极管是把光能转化为电能，常见应用于功率场合的有光伏发电板，用于非功率场合的有光电耦合管，用来隔离不同电路之间的干扰。

使用二极管时，应该选取合适参数的二极管，尤其注意其击穿电压、工作电流、耗散功率。在一些高频场合也需要注意最快转换频率，如在零电压开关（ZVS）电路中，二极管必须使用高速管，如果使用普通的二极管会因为结电容过大而导致电路工作不正常。

二极管有很多种类的封装。常见的小功率功能型分立器件二极管通常为贴片封装与通孔直插封装形式，多使用树脂封装或玻璃封装。大功率场景下可用金属封装，在强电直流运输整流时会使用大功率硅堆，这也是一种二极管（图 1.16）。

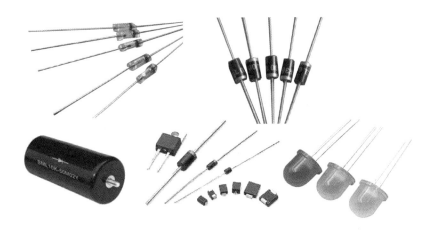

图 1.16   发光二极管与硅堆

5. 三极管

双极型三极管（BJT）又称为半导体三极管、晶体管等。三极管是半导体基本元器件之一，具有电流放大作用，是电子电路的核心元件。三极管常见于功率放大部分、小信号放大、音频信号放大等场景。TTL数字电路也是由三极管等器件构成的。但是随着场效应晶体管（FET）的发展，目前更多集成电路会使用性能更优良的 MOS-FET 管代替三极管。

三极管是在一块半导体基片上制作两个相距很近的 PN 结，两个 PN 结把整块半导体分成三部分，中间部分是基区，两侧部分是发射区和集电区，排列方式有 PNP 和 NPN 两种。因为 NPN 的各项性能更优，所以更多电路使用 NPN 完成功能，即使必须使用 PNP 的场合也会采用级联的方式将 PNP 的功率部分转化为 NPN。

三极管在正常工作时拥有很多种等效电路，常见的有电流控制电流源（CCCS）等效电路、β 等效电路、π 等效电路、γ 等效电路等。各种等效电路的区别主要体现在忽略的因素上，忽略的因素越少模型越精确，计算越困难。在不同场景需要使用不同的等效电路处理，但是总体上讲，三极管可以等效为一个核心电流控制电流源与多个二极管和电阻，从而使用这些元件的 VCR 关系计算电路。

PNP 与 NPN 三极管的符号如图 1.17 所示。

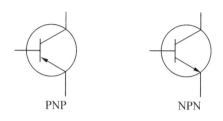

图 1.17　三极管的电路符号

　　三极管也具有各种类型，除了常见的普通三极管，还有光电三极管、气敏三极管等。与二极管的相关种类类似，一般原理上是一个具有特殊功能的二极管级联一个三极管，从而在保证特性的情况下具备了电流放大的能力，将这种集成到一个硅基底的电路封装成单独器件将具有更好的性能。

　　三极管最常用的场合有小信号放大、功率放大，电流源、频率变换与特殊三极管构成的传感器场合。三极管的基本参数有最大电压、最大过载功率、最大承载电流、放大倍数（β 值）、截止频率、有效带宽等参数。一般先确定使用场景，然后确定一组合适的参数，最后在供应商处选择合适参数的三极管。

　　常见的三极管为树脂封装与金属封装，既有小功率高精度的小型封装，也有大功率封装，如 TO-220 封装的三极管，可以非常方便地安装散热片。图 1.18 列举了一些常见的三极管。

图 1.18　常见的三极管

6. 场效应管

　　场效应晶体管（FET）简称场效应管。主要有两种类型：结型场效应管（J-FET）和金属氧化物半导体场效应管（MOS-FET）。与 JBT 使用两种载流子导电不同，FET 仅由多数载流子参与导电，也称为单极型晶体管。它属于电压控制型半导体器件，具有输入电阻高、噪声小、功耗低、动态范围大、易于集成、没有二次击穿现象、安全工作区域宽等优点，现已成为双极型晶体管和功率晶体管的强大竞争者。

与双极型晶体管相比，场效应管是电压控制器件，它通过栅源电压来控制漏极电流，在工作时可以等效为电压控制电流源（VCCS）。同时，场效应管的控制输入端电流极小，因此它的输入电阻很大。由于FET是利用多数载流子导电，因此它的温度稳定性较好，并且组成的放大电路的电压放大系数要小于三极管组成的放大电路的电压放大系数。由于它不存在杂乱运动的电子扩散引起的散弹噪声，因此噪声低。

类似于三极管 NPN 与 PNP，FET 也有 P-FET 和 N-FET 两种类型。除此分类之外，FET 还有 J-FET 和 MOS-FET 两类（图 1.19）。

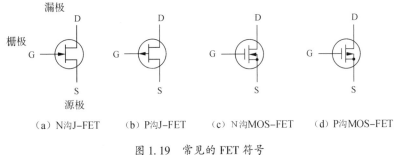

（a）N沟J-FET   （b）P沟J-FET   （c）N沟MOS-FET   （d）P沟MOS-FET

图 1.19 常见的 FET 符号

1.1.3 如何连接电路

依据电路图将元器件使用导线连接，可以构成实用的电子产品。在实验室中我们一般使用端子接线、杜邦线与实验板测试电路，对于高频电路会使用更可靠的万用板焊接电路。而在生产环境中，一般使用打印电路板（PCB）来构成电路。不同的连接方法具有不同的经济开支、时间开支，复杂度等。在实际操作中，我们需要使用合适的电路方案。

1. 使用导线直接连接

如果我们有已经生产好的专门用于实验的开发套件，那么就可以使用开发套件内附带的导线，以及开发板上配套的器件接口，方便地连接所需电路。目前大多数高校的模拟数字混合电路实验室都会配备相关产品，常常为实验箱或实验平台（其外观如图 1.20）。初学者无需熟练焊接过程即可连接简单的电路验证理论。这种开发模式适合于简单电路的参数确定，以及针对一类电路的原理的验证。比如在需要确定一个 5 阶巴特沃斯滤波器的参数时，常常使用累试法，实验多组参数，最终选择合适的一组参数。实验箱接线方便，对于需要不停地改动电路的场景，比其他方法更加迅速。

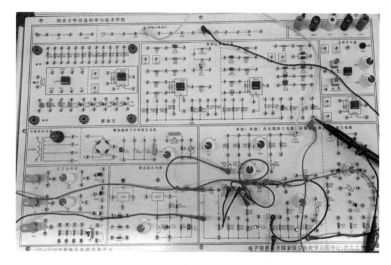

图 1.20　模拟电路实验箱

2. 实验板连接

实验板也是常用的一种电路连接方式。实验板也称作"面包板"，其上有很多间距 100mil［100mil（密尔）= 2.54mm（毫米）］的插孔，这些插孔是柱连接插座，与常见通孔直插封装的器件管脚脚距兼容，用于固定和连接电子元件形成电路（图 1.21）。

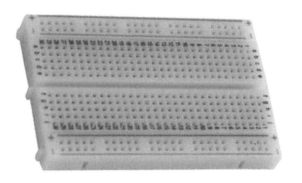

图 1.21　实验板

实验板分为两个部分。第一部分，两边的两排插孔，每一排的插孔在内部顺向连在一起。一般用于连接电源的正负极。第二部分，中间的多行插孔被分为左边和右边两部分，这里的插孔横向连接。电路中的电子元件一般接在上面,再与旁边的电源和 GND(接地)连接。中间的沟槽隔开了两边的电路,同时这个沟槽刚好是一般 DIP 封装的芯片的尺寸,可以将芯片跨接插在实验板上,然后将其他元器件按照电路图接好。一般实验板的包装盒上会标注清楚实验板的电路连接方式。对于元器件不够长的情况,可以使用杜邦线连接(图 1.22)。

图 1.22   使用实验板连接的电路

实验板有很多种尺寸,差异在于长度的不同,通常实验板的四周有插槽,可以方便地将多个实验板拼装为一个大的实验板。当需要组装包含多个实验板的大电路时,可以撕开实验板背后的易粘胶将实验板粘贴在一个表面上使用。

3. 万用板焊接

万用板也称作“洞洞板”。相比 PCB,万用板具有使用门槛低,成本低廉,使用方便,扩展灵活,而且无需担心工厂的交货期与运输时延。相比于直接连接电路,它的优势突出。比如在大学生电子设计竞赛中,作品通常需要在几天时间内争分夺秒地完成,所以大多使用洞洞板。

与实验板一样,万用板的每个插孔之间的间距也是 100mil,兼容直插元件封装的管脚。万用板本身不具备电路连接的功能,也不像实验板那样元器件插上去后就固定好了,而是需要使用锡焊的方式将电路焊接上去并连接。所以万用板的可靠性强于实验板,但是安装过程与调试也更加麻烦(图 1.23)。

万用板有两种,较为常见的一种是每个焊盘互相不连接,需要制作者手工地使用焊锡充当连接导线。另一种是相邻的焊盘已经连接,需要

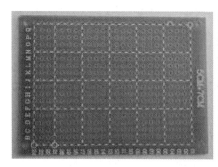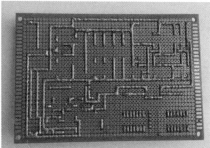

图 1.23　万用板与使用万用板焊接的电路

根据需求挑断一些连线。还有一类万用板结合了这两类的优点，仅连接最外围的两排焊盘充当电源线，使用起来更加方便。

　　在万用板上焊接电路需要合理布局规划，从而尽可能使用更少的"飞线"就可以连接电路。焊接时也有很多的技巧，有兴趣的读者可以自行寻找相关教程或视频。

　　4. 印制电路板

　　印制电路板又称作打印电路板（图 1.24）。这种方式一般用于大规模与超大规模电路的连接，也是所有产品中唯一使用的电气连接方式。印制电路板（PCB）允许在有组织的相对较小的扁平材料上创建复杂的布线和电路。PCB 的基本概念是，通过在非导电板上形成导电材料线，我们可以使用最小的空间在表面上创建复杂的电气系统。然后，这些板的几层可以彼此叠放，以创建更精细的方案。

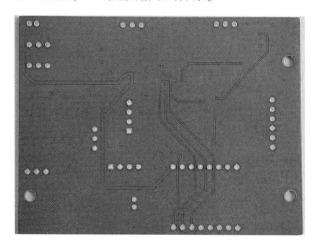

图 1.24　印制电路板

　　由于其高效性和可承受的批量生产成本，PCB 已用于所有现代电子设备，从个人计算机到最先进的实验室设备。

　　印制电路板上的连线在设计电路时就已经确定，在生产出来后只需要将元器件焊接就能使用，这极大地方便了电子制造自动化，同时也因为电器规则检查（LVS）与设计规则检查（DRC）已经在设计阶段由计算机执行过，避免了人工连接复杂电路出错的可能性。而无需连接导线的特点也方便了波峰焊、回流焊等自动化焊接方法，使得批量生产的成本大大降低。多层布线层与过孔连接层可以让复杂的电路在极小的空间实现。

　　PCB 的材料通常为多层玻纤板，在每一层都有薄铜皮，根据需要，在生产时按照图样使用氯化铁蚀刻掉一部分铜，就构成了电路。每一层都蚀刻好后就可以粘贴多层玻纤板为一张 PCB，然后钻孔、喷锡，最后测试、丝印印刷等。也有一种生产工艺是将铜沉积到需要的地方，这种工艺污染更小，浪费更少。由于电路是通过打印转印的方式实现按图样蚀刻的，所以叫作印制电路板。

　　一般来说，一张 PCB 的生产需要经过 MI、钻孔、沉铜、线路、图电、AOI 飞针测试、阻焊层喷涂、丝印印刷、喷锡、测试、V 槽与锣边、QC 检查等工艺与步骤。之后会被送往客户或下游工厂进行器件的焊接，最终组装为电器。

　　对于表面贴片器件或芯片的焊接，在表面贴装工艺（SMT）自动化生产时一般还需要生产专用的激光钢网（图 1.25），作为焊接掩膜。这包括锡膏网与红胶网，用以确定焊锡与引脚的点位与粘贴点位，从而精确地焊接电路而不会造成未预期的短路或断路。锡膏网用于回流焊，红

图 1.25　激光钢网

胶网用于波峰焊, 有时候一个电路的焊接过程可能会交替使用两种激光钢网。

模电实验箱的实验平台, 其实就是一块大的 PCB。

1.1.4　模拟集成电路芯片简介

分立器件可以构成大多数低频模拟电路, 但是使用分立器件一般无法进一步缩小设备体积。同时每种器件之间的微小差异也无法控制, 这往往严重影响模拟电路的性能。随着微电子产业的技术发展, 将复杂的电路集成到芯片内成为可能。通过微电子工艺, 使用不同浓度和类型的参杂工艺, 在一片硅基底上集成复杂的电路, 最后引出引脚, 这种芯片就称为集成电路 (IC)。集成模拟电路通常拥有更小的体积、更稳定的性能与参数偏差, 成本也更低廉, 经济效益也更好。所以数年来无数的模拟集成电路被研发设计出来, 这包括了较为简单的 NE555 时基电路、μA741 运算放大器等 (图 1.26), 甚至非常复杂的模拟电路。集成模拟电路拥有极好的性能, 而且灵活使用现成的芯片可以方便电路的设计。

图 1.26　μA741 运算放大器

集成电路分为数字集成电路与模拟集成电路两大类, 目前模拟集成电路约占市场份额的 15%。但是模拟集成电路设计与生产仍然是我国一个发展较为不足的行业, 尤其是高精度与良好参数的模拟集成电路, 目前仍旧是一项 "卡脖子技术"。模拟集成电路目前仍旧处于发展的快速期。

技术上, 模拟集成电路主要是指由电阻、电容、晶体管等组成的模拟电路集成在一起用来处理连续函数形式模拟信号的集成电路, 包含通用模拟电路 (接口、能源管理、信号转换等) 和特殊应用模拟电路。

模拟芯片主要包括电源管理芯片和信号链芯片。其中, 电源管理芯片是在电子设备系统中担负对电能的变换、分配、检测及其他电能管理职责的芯片, 主要分为 AC-DC 交直流转换、DC-DC 直流和直流电压转换 (适用于大压差)、电压调节器 (适用于小压差)、交流与直流稳压电源。电源管理芯片在不同产品应用中发挥不同的电压、电流管理功能，需要针对不同下游应用采用不同的电路设计。当前，电源管理正往高速、高增益、高可靠性方向发展，发展电能管理芯片是提高整机技能的重要方式。信号链芯片则是一个系统中信号从输入到输出的路径中使用的芯片，包括信号的采集、放大、传输、处理等功能。

比如 μA741 就是一个集成单个运算放大器的模拟集成电路芯片。其内部电路包含了多个晶体管与电阻电容，但是对外表现为一个数万倍放大倍数的运算放大器。在设计电路时一般无需考虑芯片内部的电路，而只需要使用芯片的外部等效电路即可。

在教学中，常常由于不当操作而烧毁芯片。为了实验时更加方便地更换坏芯片，一般开发板上的芯片不会直接焊接在电路板上，而是插在芯片座（IC 座）上，更换时使用芯片起拔器可以方便地拔出，然后替换新的芯片。有一种更高级的被称作"锁紧 IC 座"的芯片座，只需按下弹簧手柄即可轻轻拿起芯片（图 1.27、图 1.28）。

图 1.27   芯片起拔器、IC 座与锁紧 IC 座

图 1.28   BGA 封装芯片的 IC 座

1.2　低频模拟电路实验方法

任何电路的设计，一般都会经过需求分析、方案选型、电路设计、电路仿真与性能优化、实际搭接电路、调试验证功能、样板打样测试、小规模批量生产、大规模批量生产的过程，而对于初学者的实验更注重在验证理论与培养熟练度的方面。本书中模拟电路实验分为两个部分：基础实验部分和综合设计实验部分。

基础实验部分的内容是给定的验证性实验，在完成此类实验时，需要先行学习电路相关的理论知识，掌握实验电路的基本工作原理，并明确实验目的和要求，对实验结果和实验中出现的各种现象作出分析和估计，并考虑可能遇见的问题，以便于排除故障。记录必要的实验数据与实验过程，对关键部分的波形，数据进行表格记录或导出图片，使用适当的文字描述说明实验过程与现象。

综合设计实验只给出实验要求与任务，由实验者自行选定具体的器件，进行电路设计，在这个过程中应画出完整的电路图，并通过接线调试实验电路检验是否能完成实验任务。在选择器件时，应首先查阅相关数据库资料，了解集成电路器件的使用条件和功能，否则可能选错器件或使电路设计复杂化，不能最佳、有效地完成设计任务。

下面介绍一般情况下的实验步骤。

1.2.1　预习报告

为了实验的学习效果更好，应在实验前预习实验内容，这包括实验电路图及原理文字说明、实验结果记录要求等，从而明确任务，完成理论分析、数据图表的需求，写出预习报告。对于复杂的电路可以使用软件辅助，比如使用 Multisim 进行模拟电路的仿真。

1.2.2　电路图的绘制

与在实际工程中的需要一样，在开始任何实验之前，都应提前画出实验电路图，它是接线、调试的依据。先行绘制电路图可以避免不必要的错误，良好分析过的电路图可以极大避免元器件烧毁等风险。绘制电路图需要符合前文提到的电路图绘制标准。

1.2.3 搭接电路

进入实验室后，在实验条件准备就绪后就可以开始电路的搭接。为了更好地完成实验，通常遵循以下步骤：

1. 元器件性能检查

布线前对实验中用到的元器件与集成器件进行功能测试，避免在实验中因器件功能不正常而产生电路工作不正常的情况。

一般来说，电阻、电容、晶体管（包括二极管、三极管等）、电感、电位器等元器件并不容易坏，为了节省时间，可以仅对集成电路芯片进行检查。模拟电路最常见的集成芯片是运算放大器、电压比较器、线性稳压器等。

检查芯片的好坏可以通过外观检查和功能检查两个方面下手。外观检查指的是仔细观察芯片插接方向与芯片外观是否正常。实验室常见的一些因过压或短路而击穿的芯片通常会产生轻微爆炸的痕迹，芯片封装表面也会有损坏。功能检测一般是搭接一个芯片功能最小验证电路，比如针对运算放大器，可以快速连接一个电压跟随电路从而验证运放是否正常工作。

芯片损坏后需要更换芯片，拔出芯片可以使用芯片起拔器，插装集成芯片时必须认清方向，使芯片缺口方向标记与电路板标记相同，切记不要插反，同时应注意引脚不能弯曲。

如果电阻、电容、晶体管（二极管、三极管等）、电感、电位器等元器件损坏，需要使用烙铁等工具更换。

2. 电路连接

对于非常复杂的电路可以分模块一步步地连接，边连接边检查，降低出错时解决的复杂度。

使用导线连接电路时，为方便检查电路，导线可以选用不同的颜色。一般正电源用红色线，负电源用蓝色线，地线用黑色线，信号线用其他颜色的线。布线时应顺序进行，以免漏接。首先连接固定电平的端点，如电源的正极、地等。对于这些端点，连线应尽量短一些，且布置在靠近电源正极或负极的地方，然后再按照信号流向顺序布线。注意，同一网表标号的节点之间必须存在导线连接，最常见的情况是电路之间要共地。正确的搭接方法和合理的布局，不仅使电路整齐美观，而且能提高电路工作的可靠性，便于检查和排除故障。

调试电路总步骤如下：

（1）在电路接线完毕未接通电源的情况下，反复检查电路中各部分接线是否正确，器件安装是否正确，尤其要保证电源线、地线正确接入电路中，正负极不能短路。

（2）电路接通正确的电源电压后，观察电路中各器件有无异常情况。若发现器件有异常发热、冒烟等现象，应立即关断电源，检查芯片方向有没有插反，电源正负极有没有短路等故障。确认故障排除后，方可重新通电。通过手摸的方式确认哪里短路发热也是常用的调试方式。

（3）电路通电后，若各器件无异常情况发生，就可正常调试。通常做法是先调试部分电路，再统调整个电路。调试单元电路可观测电路波形或电平状态，确定电路的功能是否正常，再通过判断、分析及波形记录，排除电路存在的故障，使各电路正常工作，然后进行总体调试。总体调试时，观察各单元电路连接后各级之间的信号。主要观察电路各关键点的电平状态，继而检查能否实现预定的逻辑功能。经过分析、判断及故障排除，实现功能要求。

1.2.4　撰写实验报告

撰写实验报告，是低频模拟电路实验的一项基本要求，也是实验的必需步骤之一。通过撰写实验报告，可以汇总实验数据，分析、讨论实验问题，总结整个实验过程，加深理解实验理论知识，从而把实践内容上升到理论高度，提高书写科学论文与产品文档的能力。实验报告应该保持合理的逻辑顺序与排版。一般建议使用 A4 幅面，双面打印。

实验报告一般包括以下几部分：

（1）封面。

（2）实验目的。

（3）实验仪器及器材。

（4）实验原理、理论分析，包括原理图、电路图、公式等内容。

（5）实验内容及步骤，包括实际接线图、输入输出信号数据（或波形插图）及现象、数据处理及现象分析。

（6）实验中出现的问题及解决方案，包括文字说明或修改原理图，如果没有出现问题则不写。

（7）实验结果与结论。

第二章 低频模拟电路常用仪器及实验箱

　　本章除了介绍和复习一些模拟电路的基础理论知识之外，还会重点讲解实验室的安全操作规范并介绍一些电子电路实验室常见的仪器仪表的使用规范。譬如常见的电源、多用电表、信号发生器、示波器等。熟练使用好的工具可以迅速且方便地调试电路性能并发现潜在的问题。

　　在模拟电子电路实验中，基础电子仪器有示波器、函数信号发生器、直流稳压电源、交流毫伏表及频率计等。这些基础仪器是模拟与数字电路设计、测量、验证、维修的必要仪器。在一些高级场合中，可能需要一些专用精密仪器，这些仪器精度更高，但是往往也更加贵重且复杂，例如高精度 LCR 电桥、逻辑分析仪、失真分析仪、网络分析仪以及 IV 分析仪等。

　　在使用仪器仪表前，应详细阅读仪器仪表的说明书与使用规范，使用一些复杂的仪器可能需要参加相关培训。这些烦琐的步骤是确保熟练并正确使用仪器仪表的关键，同时避免了由于使用不当导致人身或财产安全损失的可能性。这里将简要介绍电子线路实验室常见的一些仪器。

2.1 直流稳压电源

直流电源GPD
系列使用手册

　　直流稳压电源常作为电子技术实验电路的工作电源。电源质量在某种程度上决定了实验电路的工作状况及测量误差。稳压系数与输出阻抗是衡量直流稳压电源性能的主要技术指标。

　　直流稳压电源根据稳压方式，一般可分为参数稳压器和反馈调整型稳压器。参数稳压器电路结构简单，例如用电阻和稳压二极管就能构成参数稳压器；反馈调整型稳压器是一个闭环的负反馈系统。当电网波动与负载变化所引起的输出电压波动时，通过采样、比较与放大环节控制电压调整元件，输出稳定的直流电压。

直流稳压电源根据工作原理，一般可分为线性稳压电源和开关稳压电源两大类。线性稳压电源的特点是调整元件工作在线性放大区；开关稳压电源的特点是调整元件工作在饱和或截止状态，即开关状态。线性电源与开关电源相比较，前者稳压效果较好，后者效率较高。两者的使用都比较广泛。在电子技术实验中一般都采用线性稳压电源。

2.1.1　线性直流稳压电源

线性直流稳压电源，一般是用来将不稳定的电压降压后转化为非常稳定的直流电从而作为精密器件的电源。线性直流稳压电源一般包含整流和滤波电路、直流稳压电路等部分，转换效率较低但是精度较高。常用的整流电路有半波、全波、桥式整流电路；常用的稳压电路有稳压管、串联型晶体管、集成稳压器稳压电路等。

直流稳压电源结构图和稳压过程如图 2.1 所示。

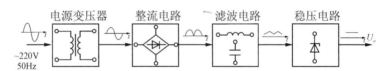

图 2.1　直流稳压电源结构图和稳压过程

2.1.2　串联反馈式稳压电路

串联反馈式稳压电路如图 2.2 所示。由 R 和 D_Z 构成基准电压电路；A 为比较放大电路；由三极管 T 构成电压调整环节；电阻 R_1、R_2 和 R_3 构成电压取样电路。输入电压 U_i 为整流滤波后的直流电压，R_L 为负载电阻，U_o 为输出的稳定直流电压。

由图 2.2 可知，采样电路中 R_2 的滑动端的电位变化反映输出电压 U_o 的变化量，采样电压 U_F 与基准电压 U_R 经 A 比较放大，使 A 的输出电压与 U_o 反相。设 U_i 升高或 I_o 减小而导致输出电压 U_o 升高，则 U_F 升高，从而使放大电路的输出电位（调整管的基极电位 U_b）降低；输出电压 U_o（调整管的发射极电位）必将随之减小，而调整管的管压降必将随之增大，使 U_o 保持基本不变。

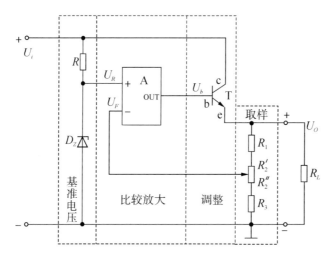

图 2.2　串联反馈式稳压电路原理图

当 U_o 减小时，各物理量与上述过程相反。可见，调整管的管压降总是与输出电压的变化方向相反，起着调整作用；而放大环节使电压负反馈加深，故调整的结果使 U_o 的变化很小。从理论上讲，放大电路的放大倍数越大，负反馈越深，输出电压的稳定性越好。但是，当负反馈太强时，电路有可能产生自激振荡，需消振才能正常工作。

由于串联型稳压电路具有能够输出大电流和输出电压连续可调的特点，所以得到非常广泛的应用。

2.1.3　智能直流稳压电源 GPD-3303D 简介

目前，实验室中常用的直流稳压电源一般是具有稳压、稳流两种模式的线性直流稳压电源，输入单相工频电流/电压，输入直流电流/电压。通常使用稳压模式，稳流模式则用作过流保护。稳压与稳流工作模式的转换由内部控制电路根据电源的输出电流自动进行。输出的电压、电流值由屏幕显示。这里以 GPD-3303D 直流稳压电源为例进行介绍（图 2.3）。

GPD-3303D 用作逻辑电路在各种输出电压或电流需要的场所，针对跟踪模式定义系统在电压无特别精密需要的场所。

该电源主要参数：

· 输入电压：220×(1+10%)V，50Hz+2Hz 单相交流电压

· 输出电压：两路直流 0~30V，连续可调

· 输出最大电流：3A

图 2.3　GPD-3303D 外观图

·电压调整率：<0.01%+3mV

·输出纹波电压：<2mV（峰峰值）

如图 2.4 所示，GPD-3303D 直流稳压电源是一个有 3 路独立输出，其中两组电压值连续可调（0~30V），一组固定可选（2.5V；3.3V；5V）固定输出的直流稳压电源。其中可调两路均有两个调节旋钮。

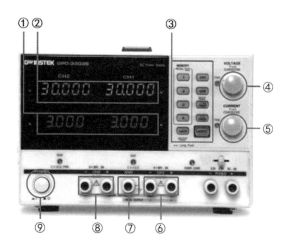

①电压显示；②电流显示；③各功能键；④输出电压调节；⑤输出电流调节；⑥CH1 输出；⑦GND；⑧CH2 输出；⑨电源总开关

图 2.4　GPD-3303D 面板

每路输出都有相应的黑、红输出端子，分别代表"-"和"+"。绿色代表"GND"，与机壳相连绝缘于电路，可通多电源导线连接到墙壁的插座后接入大地构成屏蔽，故称为"安全地"，防止外壳富有漏电伤及使用者。

常用操作介绍:

(1) 输出打开/关闭。

①面板操作:

打开:按下输出键,按键指示灯点亮,所有通道开始输出。

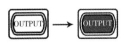

关闭:开启状态下再次按下输出键,按键指示灯熄灭,所有通道输出关闭。

②自动输出关闭:

以下任意操作均会使输出自动关闭:

a. 切换操作模式(独立/串联/并联)

b. 呼叫存储的设置

c. 保存面板的设置

(2) 蜂鸣器打开/关闭。

①面板操作:

打开:按下 CH2 键或 CH2/4 键超过 2 秒。通常,蜂鸣器是开启状态。

关闭:在开启状态下按下 CH2 键或 CH2/4 键超过 2 秒。

②蜂鸣举例:

以下操作会听到蜂鸣提示:

a. 开机   e. 输出打开/关闭

b. 独立/串联/并联切换   f. 面板锁定/解除

c. 保存/呼叫设置   g. 电压/电流设定达到最小/大值

d. 电压及电流粗/细调切换

(3) 前面板锁定/解除。

①面板操作:

·锁定:按下锁定键,按键指示灯点亮。

·解除:长按锁定键超过 2 秒,按键指示灯熄灭。

②提示:

·锁定状态下,输出键将不受人为控制。

（4）CH1/CH2 串联。

无公共端：

① 按下 SER/INDEP 键来启动串联模式，按键灯点亮。

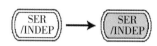

② 连接负载到前面板端子，CH1+及 CH2-（一组电源）。

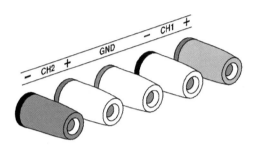

③ 按下 CH2 开关（灯点亮）和电流旋钮来设置 CH2 输出电流到最大值（3.0A）。通常，电压和电流旋钮工作在粗调模式。启动细调模式，按下旋钮 FINE 灯亮。

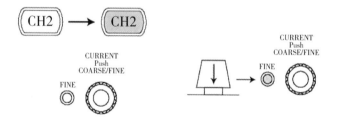

④ 按下 CH1 开关（灯点亮）和使用电压和电流选通来设置输出电压和电流值。

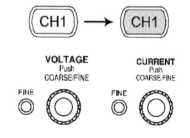

⑤ 按下输出键，打开输出。

有公共端：

① 按下 SER/INDEP 键来启动串联模式，按键灯点亮。

② 连接负载到前面板端子，CH1+ 及 CH2−（一组电源），用 CH1−端子作为公共线连接。

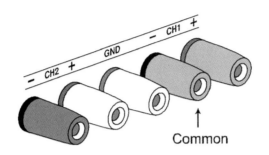

Common

③ 按下 CH2 开关（灯点亮）和电流旋钮来设置 CH2 输出电流到最大值（3.0A）。通常，电压和电流旋钮工作在粗调模式。启动细调模式，按下旋钮 FINE 灯亮。

④ 按下 CH1 开关（灯点亮）和使用电压和电流选通来设置输出电压和电流值。

⑤ 按下输出键，打开输出。

（5）CH1/CH2 并联。

① 按下 PARA/INDEP 键来启动并联模式，按键灯点亮。

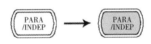

② 连接负载到 CH1+/CH2+端子。

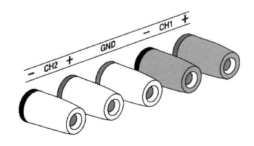

③ 打开输出，按下输出键，按键灯点亮。

④ CH2 指示灯显示红色，表明并联模式。

⑤ 调节 CH1 及 CH2。

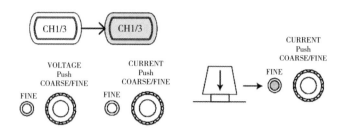

2.2　信号发生器

信号发生器
AFG-2225使用手册

　　常用的低频函数信号发生器的输出频率范围一般为 0.1Hz～2MHz。信号发生器除了输出正弦信号外，一般还可输出方波、三角波、锯齿波等多种信号波形，有些信号发生器还具有频率计数和显示功能，当该仪器外接计数输入时，还可作为频率计数器使用。有些函数信号发生器还具备调制和扫频功能。它可作为各种电子元件和电子电路的测量、调试、检修时的信号源，它在模拟电子技术测试中应用十分广泛，对电子放大器增益的测量、相位差的测量、非线性失真的测量以及系统频域特性的测量等都需要使用正弦信号源。频率范围、稳定度、非线性失真度、输出阻抗、输出电平等是衡量正弦信号器性能的主要技术指标。

　　信号发生器的电路构成有多种形式，常见的是由微处理器、专用集成电路或模拟电路构成的。模拟电路构成的低频信号发生器一般有以下几个环节：

　　（1）基本波形发生电路：波形可以由 RC 振荡器、文氏电桥振荡器或压控振荡器等电路产生。

　　（2）波形形成电路：基本波形通过矩形波形成电路、正弦波形成电路、三角波形成电路进行方波、正弦波、三角波间的波形转换。

　　（3）放大电路：将波形转换电路输出的波形进行信号放大。

　　（4）可调衰减器电路：可将仪器输出信号进行 20dB、40dB 或 60dB 衰减处理，输出各种幅度的函数信号。

函数信号发生器的组成有多种方式，以下分别介绍脉冲式、三角波式及正弦式函数发生器的工作原理。

2.2.1   脉冲式函数信号发生器

脉冲式函数信号发生器的原理框图如图 2.5 所示。在外触发或内触发脉冲的作用下，施密特触发器产生方波，方波经积分器后形成线性变化的三角波或斜波，调节积分器时间常数可改变三角波斜率，再由正弦波形成电路将三角波转换成正弦波。放大器调节输出信号的幅度。

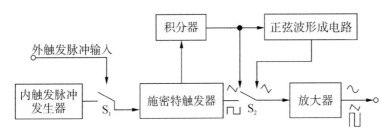

图 2.5   脉冲式函数信号发生器的原理框图

2.2.2   三角波式函数信号发生器

三角波式函数信号发生器的原理框图如图 2.6 所示。由三角波发生器先产生三角波，经方波形成电路产生方波，或经正弦波形成电路产生正弦波，最后通过缓冲放大器输出信号。

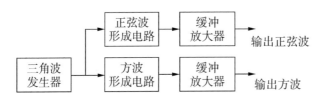

图 2.6   三角波式函数信号发生器的原理框图

2.2.3   正弦波式函数信号发生器

正弦波式函数信号发生器的原理框图如图 2.7 所示。正弦波发生器输出正弦波，经缓冲器隔离后，分为两路信号，一路送放大器输出正弦波，另一路作为方波形成电路的触发信号。方波形成电路通常是施密特触发器，后者也输出两路信号，一路送放大器，经放大后输出方波，另一路作为积分器的输入信号。积分器一般是米勒积分电路，它将方波积分形成三角波，经放大后输出。三种波形的输出由放大器中的选择开关选择输出。最后经输出器输出信号。

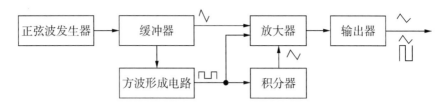

图 2.7 正弦波式函数信号发生器的原理框图

2.2.4 函数信号发生器 AFG-2225 简介

目前，实验室常用的函数信号发生器通常具有输出多种波形的功能，包括正弦波、三角波、锯齿波、方波等多种波形，可以在一定频率范围内设置波形的频率（Frequency）、振幅（Amplitude）、相位（Phase）、直流偏置（DC Offset）等参数，针对一些特殊波形也可以有更多定制功能，例如方波的占空比调制等。一些高级的函数信号发生器还支持导入 wav 波形文件进行任意波形的输出，或手动设置信号的频域特性，包括基波与谐波振幅分量、相位延迟等功能。这里以 AFG-2225 型号的函数信号发生器为例进行介绍。

主要参数：

· 输出信号最大频率：25MHz；

· 信号源输出阻抗：50Ω；

· 最小输出电压：5V 左右；

· 最大输出电压：10V 左右。

AFG-2225 的面板如图 2.8 所示，以下对主要功能键进行介绍：

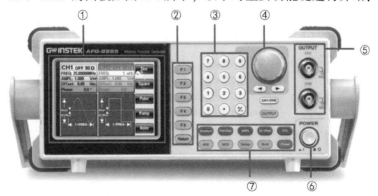

①显示屏；②功能键，返回键；③数字区域键；④可调旋钮；⑤输出端口；⑥电源键；⑦操作键

图 2.8 AFG-2225 的面板

·F1—F5 键：位于 LCD 屏右侧，用于激活屏幕中对应菜单的功能；

·Return 键：用于返回上一层菜单；

·Waveform 键：用于选择波形类型；

·FREQ/Rate 键：用于设置频率或采样率；

·AMP 键：用于设置波形幅值；

·DC Offset 键：用于设置直流偏置；

·UTIL 键：系统设置、进入存储和调取选项、更新和查阅版本、耦合功能、计频计；

·ARB 键：用于设置任意波形参数；

·MOD，Sweep 和 Burst 键：分别用于设置调制、扫描和脉冲串选项和参数；

·Preset 键：复位键，用于调取预设状态；

·数字区域键：用于键入值和参数，常与方向键和可调旋钮一起使用。该款信号发生器配套两根带有夹子头的同轴传输线，用于信号输出。

常用操作介绍：

（1）方波产生。

例：方波，3Vpp，75%占空比，1kHz

输入：N/A；输出：CH1

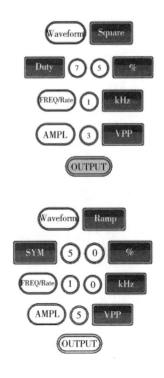

·按 Waveform 键，选择 Square（F2）；

·分别按 F1，7+5+%（F2）；

·分别按 FREQ/Rate，1+kHz（F4）；

·分别按 AMPL，3+VPP（F5）；

·按 OUTPUT 键。

（2）斜波产生。

例：斜波，5Vpp，10kHz，50%对称度

输入：N/A；输出：CH1

·按 Waveform 键，选择 Ramp（F4）；

·分别按 F1，5+0+%（F2）；

·分别按 FREQ/Rate，1+0+kHz（F4）；

·分别按 AMPL，5+VPP（F5）；

·按 OUTPUT 键。

（3）正弦波产生。

例：正弦波，10Vpp，100kHz

输入：N/A；输出：CH1

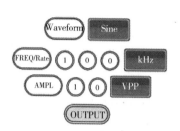

·按 Waveform 键，选择 Sine（F1）；

·分别按 FREQ/Rate，1+0+0+kHz（F4）；

·分别按 AMPL，1+0+VPP（F5）；

·按 OUTPUT 键。

万用表GDM834X
使用手册

2.3 万用表

　　万用表是一种多用途、多量程的便携式仪表。它可以进行交、直流电压和电流以及电阻等多种模式的测量。有些比较高级的仪表，除了可测量电压和电流外，还可进行功率、电平（单位：分贝）、电容量、电感量与晶体管的电流放大系数 β 等项目的测量，每种测量项目又可以有几个测量量程。因此它的用途非常广泛，所以叫作万用表。

　　万用表分为模拟式万用表和数字式万用表两种。

2.3.1 模拟式万用表

　　模拟式万用表通过指针在表盘上偏转位置的变化来指示被测量的数值，因此又称其为指针式万用表。模拟式万用表的测量过程是先通过一定的测量电路，将被测电量转换成电流信号，再由电流信号去驱动磁电式表头指针的偏转，在刻度尺上指示出被测量的大小。模拟式万用表一般由磁电式微安表头、测量电路及相应的量程切换开关组成。模拟式万用表的原理框图如图 2.9 所示。

　　模拟式万用表可以等价为一个具有高输入阻抗的灵敏电流计，通过合适的电阻的串并联，可以实现各种量程的电压与电流的测量。如果具

图 2.9 模拟式万用表的原理框图

有电源以及更复杂的电路的话，则可以实现电阻测量、二极管检测、三极管 β 系数测量等更多高级功能。

灵敏电流计常常为一个磁电式微安表头。磁电式微安表头利用磁场中通电线圈受磁场力作用转动的原理，带动指针偏转指示出流过线圈的电流的大小。由于磁电式微安表头不能通过大电流，所以，必须在表头上并联与串联一些电阻进行分流或降压，从而测出电路中的电流、电压和电阻。

万用表表头指针偏转到满度所需的电流值称为表头灵敏度，一般为 $40\mu A \sim 60\mu A$，这是表头的一个主要参数。满度偏转电流越小，表头的灵敏度就越高，测量电压时内阻也越大。由于万用表是多用途仪表，测量各种不同电量时都合用一个表头，所以在标度盘上有几条标度尺，使用时可根据不同的测量对象进行相应的读数。表头的另一个主要参数是表头内阻，它是指表头线圈的直流电阻，一般为十几欧至几千欧。

万用表测量电路的作用是将各种不同的被测电量转换成磁电系表头所能接受的直流电流。一般万用表包括多量程的直流电流表、直流电压表、交流电压表、欧姆表等几种测量线路。测量范围越广，测量线路就越复杂。

① 直流电流测量：在表头上并联适当的分流电阻，可改变电流测量范围。测量电路如图 2.10（a）所示。

② 直流电压测量：在表头上串联适当的降压电阻，可改变电压测量范围。测量电路如图 2.10（b）所示。

③ 交流电压测量：交流电压测量电路如图 2.10（c）所示。由于表头是直流表，所以测量交流时，需加装一个并串式半波整流电路，其工作原理为：当被测交流电压为正半周时，D_2 整流二极管导通而 D_1 截止，在表头和分流电阻上流过整流电流；当被测交流电压为负半周时，D_2 截止而 D_1 导通，表头和分流电阻上不通过反向电流。D_1 起到了保护 D_2 整流二极管的作用，因为如果没有 D_1，则被测电压为负半周时，反向电压几乎全部加到 D_2 上，有遭到击穿的可能性，而有了 D_1，D_1 导

通后其端电压很低，因而消除了 D_2 反向击穿的可能性，保护了 D_2。扩展交流电压量程的方法与直流电压量程相似。

当万用表采用半波整流电路时，其电流的有效值 I_{rms} 与平均值 I_{AV} 之间的关系为：$I_{rms} = 2.22 I_{AV}$。因此，可根据平均值与有效值之间的关系，将交流电压表的表面刻度按有效值标刻。这样便可从刻度上直接读出正弦交流电压的有效值。

当万用表测交流电压时，整流元件的工作频率及测量电路中的分布电容，限制了万用表的频率使用范围。

④ 电阻测量：在表头上并联和串联适当的电阻后，根据流过被测电阻的电流大小测量出电阻值。改变分流电阻的阻值，就能改变电阻的量程。测量电路如图 2.10（d）所示。

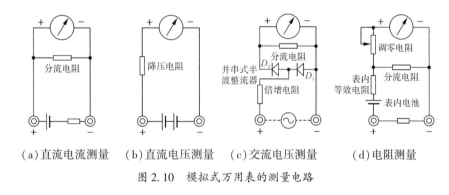

（a）直流电流测量　（b）直流电压测量　（c）交流电压测量　（d）电阻测量

图 2.10　模拟式万用表的测量电路

将多个测量电路合并到一起，再增加一个切换开关，则构成了一个多功能的万用表。量程切换开关用于选择万用表的测量种类及其量程。转换开关中有固定触点和活动触点。当转换开关转到某一位置时，活动触点就和某个固定触点闭合，从而接通相应的测量线路。

2.3.2　数字式万用表

与模拟式万用表相比，数字式万用表的测量功能较多，除了可测量电压、电流、电阻外，还可测量电容、三极管放大倍数等，某些产品还具有测量频率、温度，自动量程转换，数据保持，蜂鸣器指示通断等功能。数字式万用表的原理框图如图 2.11 所示。

数字式万用表的核心是 A/D 转换器，应用比较广泛的有双积分式 A/D 变换器和逐次比较式 A/D 变换器。双积分式 A/D 转换器即双斜式 A/D 变换器，属于电压时间型积分式 A/D 变换器。它将直流电压与基

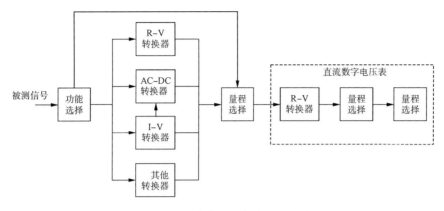

图 2.11   数字式万用表的原理框图

准电压的比较通过两次积分变换为两个时间段的比较，并由此将模拟电压变换为与其输入电压的平均值（输入直流电压）呈正比的时间段。时间段的长短则由计数器来测定，计数器所得的计数值即 A/D 变换的结果；逐次比较式 A/D 变换器是将被测电压与可变基准电压逐次进行比较，直至逼近被测电压值。

在数字直流电压表前端接入 AC/DC 转换器、I/V 转换器、R/V 转换器等线性变换器，就构成了数字式万用表。线性 AC/DC 变换器可分为平均值 AC/DC 和有效值 AC/DC 两种。一般在 AC/DC 变换器前接跟随器以增加输入阻抗，在输出端用有源低通滤波器滤除交流成分；I/V 变换器一般由高输入阻抗的同相运算放大器构成；R/V 变换器一般由集成运算放大器构成的负反馈电路来实现。

2.3.3   台式数字万用表 GDM-834X 简介

目前实验室常用两种类型的数字式万用表，一种为使用电池的手持式万用表，另一种是使用交流电供电的台式万用表。通常，同等价格下，手持式万用表精度低一些，但是便携性比台式万用表好。这里对 GDM-834X 型号的万用表（图 2.12）进行介绍，这是一款支持交流、直流的电压及电流测量，电阻、通断路测量，二极管检测，电容测量，频率测量等功能的高精度万用表。

主要参数：

· DCV 精确度：0.02%；

· 电流范围：0~10A；

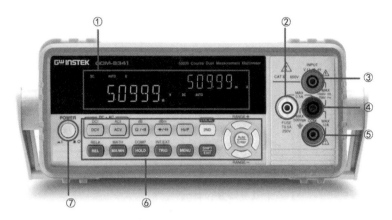

①显示屏；②DC/AC/0.5A 终端，AMPS 保险丝支架；③终端；④COM 终端；⑤DC/AC/12A 终端；⑥功能键，箭头键；⑦电源键

图 2.12　GDM-834X 面板图

·电压范围：0～1000V；

·ACV：频率响应 100kHz。

下面介绍常用功能：

（1）AC/DC 电压测量。

·测量：按 DCV 或 ACV 键来测量 DC 或 AC 电压，对于 AC+DC 电压，同时按下 ACV 和 DCV 键。

·连接：连接 V 和 COM 端口的测试表笔，显示屏会更新读数。

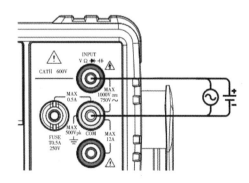

（2）AC/DC 电流测量。

·测量：按下 SHIFT→DCV 或 SHIFT→ACV 分别测量 DC 或 AC 电流；对于 AC+DC 电流，按下 SHIFT 之后同时按下 DCV 和 ACV 键。

·连接：根据输入电流，用测试引线连接 DC/AC 10A 端口和 COM

端口或 DC/AC 0.5A 端口和 COM 端口。如果电流小于 0.5A，则连接 0.5A 端口。如果电流最大达到 12A，则连接 10A 端口，显示屏会更新读数。

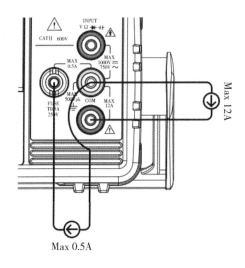

（3）电阻测量。

·测量：按下 Ω/·ⁿ键来激活阻值测量。（注意：按下 Ω/·ⁿ/key 两次将会激活连续测量功能）

·连接：GDM-8342/8341 使用双线进行电阻测量，连接 VΩ ⁺ʲ⁺ 端口和 COM 端口的测试引线。

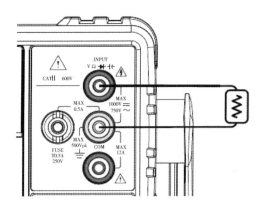

（4）二极管测试。

·测量：按一下⁺ʲ⁺键来激活二极管测试。（注意：按下两次⁺ʲ⁺键将会激活电容测量）

·连接：正极和负极分别连接 VΩ ⇥/⊣⊢端口和 COM 端口的测试引线。

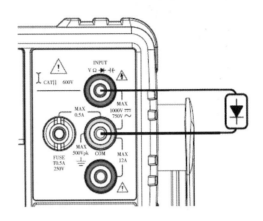

（5）电容测量。

·测量：按下两次⇥/⊣⊢键来激活电容测量。

·连接：正极和负极分别连接 VΩ ⇥/⊣⊢端口和 COM 端口的测试引线。

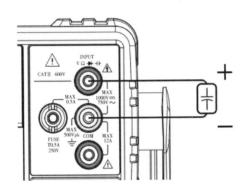

（6）频率/周期测量。

·频率测量：按下 Hz/P 键，频率将会首先显示在屏幕上，量程将会显示在第二屏幕上。

·周期测量：按两次 Hz/P 键，周期将会首先显示在屏幕上，量程将会显示在第二屏幕上。

·连接：连接 VΩ ⇥/⊣⊢端口和 COM 端口的测试引线。

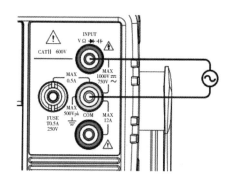

（7）测量 dBm/W。

·测量：①选择 ACV 或 DCV 测量；②测量 dBm，按下 SHIFT→╫╫，主屏幕将会显示 dBm 测量，与此同时，第二屏幕将会显示参考电阻值。

（8）测量 dB。

·测量：①选择 ACV 或 DCV 测量；②按下 SHIFT→Ω/ᵐ/key 来激活 dB 测量模式，主屏幕给出 dB 读数，第二屏幕给出电压读数。

2.4 示波器

示波器GDS–1000B
使用手册

示波器是一种综合性的电子图示测量仪器。它不但能测量电信号的幅度，而且能测量电信号的频率、周期和相位以及脉冲信号的上升时间、下降时间和脉宽等参数。通过各种传感器，示波器还可用于测量温度、压力、光和声等方面的参数。示波器的种类很多，如通用示波器、取样（存储）示波器和逻辑示波器等。

示波器按照工作原理或信号处理方式的差异，总体可分为模拟式示波器和数字式示波器两大类。模拟式示波器的信号处理与显示均以模拟电子技术为基础，按其性能和结构可分为通用模拟示波器、模拟多束示波器、模拟取样示波器、模拟记忆示波器和模拟专用示波器；数字式示波器的数字读出或波形信号处理依赖于数字技术，按其性能和结构可分为实时显示与数字读出示波器（RDTO）、实时显示与存储示波器（RT-SO）、数字存储示波器（DSO）和逻辑分析仪。

2.4.1 示波器的基本原理

由于实验室常用示波器为数字存储示波器，故这里主要介绍数字存储示波器的基本原理。数字存储示波器（DSO）在功能、精度和带宽等方面都优于传统的模拟示波器。数字存储示波器由于采用微计算机技术，具有可长期存储波形、便于观测单次过程和突发事件、便于数据分析和处理、可用数字显示测量结果、具有多种输出方式、便于进行功能扩展等特点。

数字存储示波器的组成框图如图 2.13 所示。输入的模拟信号通过 A/D 变换器转换成数字信号，并将数字信号存入数字存储器，通过 D/A 变换器将数字信号恢复成模拟信号，显示在示波管荧光屏上。在该类示波器中，信号处理功能和信号显示功能是分开的。其性能指标完全取决于进行信号处理的 A/D 和 D/A 变换器和数字存储器。

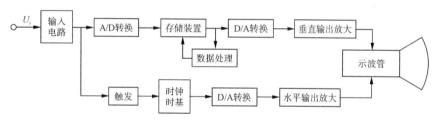

图 2.13 数字存储示波器的组成框图

数字存储示波器的运行主要包括取样存储与读出显示两个过程。

取样存储主要由输入通道、取样保持电路、取样脉冲形成电路、A/D 转换器、信号数据存储器等环节组成。取样保持电路在取样脉冲控制下，对被测信号进行取样，经 A/D 转换器变换成数字信号，然后将信号存入存储器中。取样和存储过程如图 2.14 所示。

读出和显示是由显示缓冲存储器、D/A 转换器、扫描发生器、X 放大器、Y 放大器和示波管电路等环节组成的。在接到读取指令后，先将存储在显示缓冲存储器中的数字信号送到 D/A 转换器，将其重新恢复成模拟信号、经放大后送到示波管。同时扫描发生器产生的扫描阶梯波电压把被测信号在水平方向展开，从而将信号波形显示在屏幕上。读出和显示过程如图 2.15 所示。

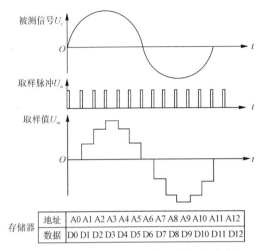

图 2.14　数字存储示波器的取样和存储过程

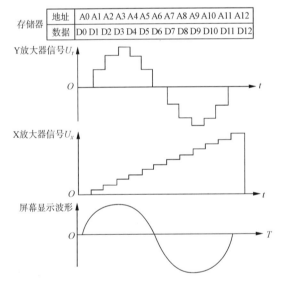

图 2.15　数字存储示波器的读出和显示过程

2.4.2　数字存储示波器 GDS-1000B

示波器 GDS-1000B（图 2.16）是双通道输入被测信号，最大测量频率（带宽）值为 100MHz。内部设置的自准信号：峰峰值 Vpp = 2V，频率为 1kHz 的标准方波信号。双路输入信号端的输入阻抗为 1MΩ，输入容抗为 25pF，测量信号最大幅值为 300Vpk。

该示波器共分为 7 个区域：显示屏、右侧下方菜单区、功能键区、水平控制区、垂直控制区、触发区、信号通道区。

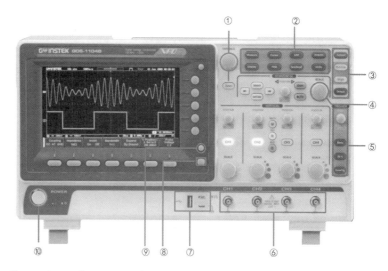

①可调旋钮；②功能键；③设置键；④水平控制；⑤触发控制；⑥CH1—CH4 输入；⑦USB/Demo 信号输出；⑧退出菜单键；⑨菜单键；⑩开机键

图 2.16 GDS-1000B 面板图

常用操作：

（1）首次使用。

·重设系统：按前面板的 Default 键调取出厂设置。

·连接探棒：将探棒连接 CH1 输入和 CAL 信号输出。默认该输出提供一个 2Vpp，1kHz 方波补偿。若需要调整探棒衰减量，将探棒衰减调整到×10（图 2.17）。

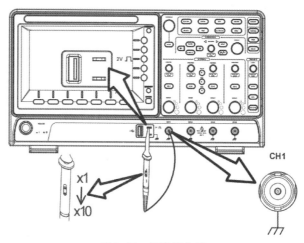

图 2.17 探棒调整图

（2）基本测量。

·激活通道：按 Channel 键开启输入通道。　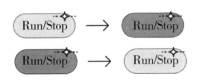

·关闭通道：按 Channel 键关闭输入通道。

·默认设置：按 Default 键恢复出厂状态。

（3）运行/停止。

·按一次 Run/Stop 键，指示灯变红，此时冻结波形和信号获取。

·再按 Run/Stop 键取消冻结，指示灯再次变绿。

（4）水平位置/刻度。

·设置水平位置：旋转水平位置旋钮左右移动波形。

·设置 0 水平位置：按水平位置旋钮将水平位置重设为 0；或者按 Acquire 键，然后按底部菜单上的 Reset H Position to 0s 也可以重设水平位置。

·选择水平刻度：旋转水平 SCALE 旋钮选择时基，左慢右快。

（5）垂直位置/刻度。

·设置垂直位置：旋转 Vertical Position Knob 旋钮上下移动波形，按 Vertical Position Knob 将位置重设为 0。

·选择垂直刻度：旋转垂直 SCALE 旋钮改变垂直刻度，左下右上（范围：1mV/div～10V/div）。

（6）显示所有模式。

·按 Measure 键。

·选择底部菜单中的 Display All。

·在右侧菜单中选择信号来源（范围：CH1—CH4，Math）。

·屏幕显示电压和时间类型的测量结果（图 2.18）。

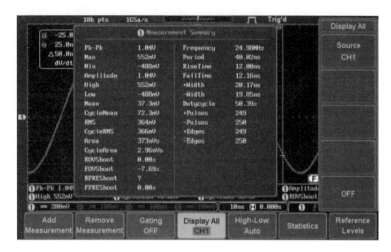

图 2.18　示波器显示图

（7）光标测量。

·使用水平光标：按 Cursor 键；从底部菜单中选择 H Cursor；重复按 H Cursor 或 Select 键切换光标类型。

·使用垂直光标：按两次 Cursor 键；从底部菜单中选择 V Cursor；重复按 V Cursor 或 Select 键切换光标类型。

（8）以 XY 模式显示波形。

·按 Acquire 菜单键。

·从底部菜单中选择 XY。

·从右侧菜单中选择 Triggered XY。

·XY 模式分为两个视窗：顶部视窗显示全时域内的信号；底部视窗显示 XY 模式（图 2.19）。

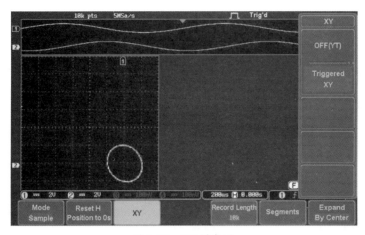

图 2.19   XY 模式图

2.5   低频模拟电路实验箱

前文已经提到了模拟电路实验箱属于导线直接连接方式，这种方式的优点是连接迅速，便于教学与验证实验的应用。这里将对一款常见于实验室的模拟电路实验箱进行简要介绍。这款模拟电路实验箱连接简单，布局清晰，包含了所有基础模拟电路实验的电路验证模块，适合于模拟电路实验初学者使用。其基本布局如图 2.20 所示。

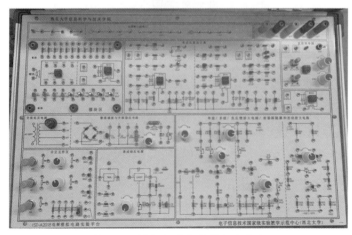

图 2.20   模拟电路实验箱实验平台

2.5.1　电源区

打开实验箱的盖子后，最上方的这一部分是电源区。任何实验的电源可以从这里选取合适的电压接入。实验箱的供电需要由电源提供，一般使用的是实验开关电源，工作在串联模式时可以提供±12V 的电压，同时第三路 TTL 电压输出置于 5V 挡位时可以为 TTL 电压供电。当使用开关电源为实验箱供电时，应使用香蕉头导线连接箱体的供电输入端子与电压源（图 2.21）。

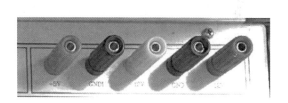

图 2.21　香蕉头导线与接线端子

而供电应由电源输出接线区使用普通跳线接出（图 2.22）。这里应注意 TTL 电源区的+5V 电平的"GND1"与模拟电压源的"GND"并不是一个网表编号，所以没有直接的电气连接。但是正常情况下，数字地与模拟地应该是相连的。开关电源的地也是默认相连的。

图 2.22　电源输出接线区

2.5.2　模块区

模块区包括两个运算放大器（一个 LM358 与一个 μA741）、模拟音频的喇叭（实际器件盖在电路板下面，表面看不到），以及若干个各种型号的电阻与电容。在需要时，可以在此处寻找合适的器件使用（图 2.23）。

图 2.23　模块区

2.5.3　集成运算放大器实验区

集成运算放大器实验区是为了方便运算放大器的实验而专门设计

的，包含两个 μA741 运算放大器（图 2.24）。μA741 是 TI 公司的一款通用高增益高精度正负电源放大器，一般工作在±12V 的电源下。该区域每个运算放大器都有单独的电源接线区，以及若干电阻、聚丙烯电容与电解电容，方便进行各类包含运放的电路实验。运放的两个输入端已经被两个二极管相接（在电路板背面），这两个硅二极管是用来保护运算放大器的输入端的，使得差分输入电压无论如何都不会超过 0.68V，从而保证不会因为不当连接而输入较高电压烧毁运放。

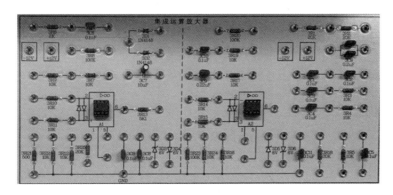

图 2.24　集成运算放大器

2.5.4　直流信号源

直流信号源主要用来提供电压基准（图 2.25）。包含两路输出，使用电位器调整每路输出的电平，按钮用来精确调整，按下时电压幅度为±0.5V，弹起时电压幅度为±5V。下方的运算放大器为一个需要时使用的小模块。

2.5.5　交流电整流与稳压电路

交流电整流与稳压电路主要用来进行整流与稳压电源实验（图 2.26）。交流电源需要使用额外的交流电供电，为了

图 2.25　直流信号源

安全，变压器将 220V 的交流电转变为最大 18V 的安全电压，并且变压器的 0V 输出串联了一个保险丝。整流滤波与稳压电路用来配合交流电进行实验。

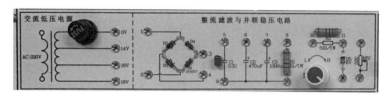

图 2.26 交流电整流与稳压电路

2.5.6 集成稳压电源

集成稳压电源包括一个 7805（5V
线性稳压芯片）和一个 LM317（可调
线性稳压芯片）以及配套电路，可以
在这里进行集成稳压电源芯片的实验
（图 2.27）。

2.5.7 三极管基本放大电路

三极管基本放大电路包括数个
BJT 管，以及若干电阻与电位器（图
2.28）。这个部分是用来进行单级或多

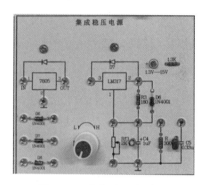

图 2.27 集成稳压电源

级、负反馈放大电路、差分放大电路以及其他三极管放大电路实验的。
在这个实验区域，基本的电路连接布局已经排布好，方便接线。

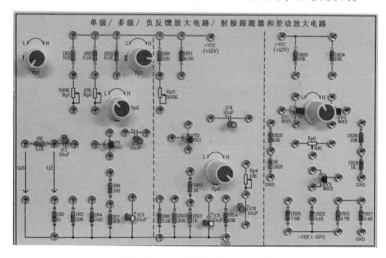

图 2.28 三极管基本放大电路

模电实验箱还有一个分立器件区域，是当元器件不够时提供的替代
元器件，有需要时可以使用。在后续具体的基本实验中，我们将进一步
介绍实验箱的使用。

第三章 低频模拟电路设计常用软件

本章主要介绍一些当前常用的计算机辅助设计（CAD）电路设计软件。使用合适的电子电路设计软件可以极大地简化电路的开发过程，降低设计的时间成本与复杂度。通过对市面上常见的软件做简短的介绍，读者可以了解这些软件的区别并按照自己的需求寻找相关资料进一步学习。

随着信息技术的发展，几乎所有的电子电路设计都难以离开计算机辅助设计。电路辅助设计主要指电路仿真（Simulation）和电路设计（Design）。仿真指的是利用已知的电路规律，使用计算机辅助求解电路微分方程，或使用有限元的方法去单步迭代电路的行为，从而无需具体构建电路即可得到电路的响应与性能参数。得益于强大的电路辅助设计软件，开发者可以节省大量的体力与宝贵的开发时间。电路仿真软件通常使用迭代模拟的方式，精确物理过程模拟常采用有限元分析的方式，极少场景会采用符号运算得到解析解的方式。

仿真软件有两种分类方式：一种是依照电路理论性质，可以分为模拟电路仿真软件、数字电路仿真软件、模拟数字混合电路仿真软件；另一种分类方式是依照电路封装性质，可以分为集成电路设计软件、印制电路板设计软件。这里重点讲解常见的 PCB 模拟电路仿真软件。

3.1 SPICE 仿真软件

SPICE仿真软件

SPICE（Simulation Program with Integrated Circuit Emphasis）是最为普遍的电路级模拟程序，由美国加州伯克利大学开发，其基本原理是

SPICE 算法。目前各软件厂家提供了 V-SPICE、H-SPICE、P-SPICE 等不同版本 SPICE 软件，其仿真核心大同小异。

SPICE 是一种功能强大的通用模拟电路仿真器，已经具有几十年的历史了，该程序主要用于集成电路的电路分析程序中，SPICE 的网表格式变成了通常模拟电路和晶体管级电路描述的标准，其第一版本于 1972 年完成，是用 FORTRAN 语言写成的，1975 年推出正式实用化版本，1988 年被定为美国国家工业标准，主要用于 IC、模拟电路、数模混合电路、电源电路等电子系统的设计和仿真。由于 SPICE 仿真程序采用完全开放的政策，用户可以按自己的需要进行修改，加之实用性好，其迅速得到推广，已经被移植到多个操作系统平台上。

使用 SPICE 时，为了进行电路模拟，必须先建立元器件的模型，也就是对于电路模拟程序所支持的各种元器件，在模拟程序中必须有相应的数学模型来描述它们，即能用计算机进行运算的计算公式来表达它们。一个理想的元器件模型，应该既能正确反映元器件的电学特性，又能适于在计算机上进行数值求解。一般来讲，器件模型的精度越高，模型本身也就越复杂，所要求的模型参数个数也越多。这样计算时所占内存量增大，计算时间增加。而集成电路往往包含数量巨大的元器件，器件模型复杂度的少许增加就会使计算时间成倍增加。反之，如果模型过于粗糙，会导致分析结果不可靠。因此所用元器件模型的复杂程度要根据实际需要而定。如果需要进行元器件的物理模型研究或进行单管设计，一般采用精度和复杂程度较高的模型，甚至采用以求解半导体器件基本方程为手段的器件模拟方法。二维准静态数值模拟是这种方法的代表，通过求解泊松方程、电流连续性方程等基本方程，结合精确的边界条件和几何、工艺参数，相当准确地给出器件电学特性。而对于一般的电路分析，应尽可能采用能满足一定精度要求的简单模型。

最早的 SPICE 需要使用类似于编辑代码的方式向程序输入电路的元件模型与网络信息，得到的结果也往往是大量数据，不方便使用。后来 OrCAD 公司开发了一套叫作 OrCAD 的系统，这是一套用在个人电脑上的电子设计自动化套装软件，专门用来让电子工程师设计电路图及相关图表，设计印刷电路板所用的印刷图以及电路的模拟。具有简单的图形化界面，方便了电路调试，降低了软件使用门槛。OrCAD 内置的 P-

SPICE 就是一种 SPICE 仿真软件。目前 OrCAD 已经被 Cadence 公司并购，旗下产品也更名为 Cadence。

Multisim软件

3.2　Multisim 软件

Multisim 是美国国家仪器（NI）有限公司推出的以 Windows 为基础的仿真工具，适用于初级的模拟数字电路板的设计工作（图 3.1）。它包含了电路原理图的图形输入、电路硬件描述语言输入方式，具有丰富的仿真分析能力。Multisim 内置了常用的元器件 SPICE 模型，用户无需频繁地自己创建元器件模型。

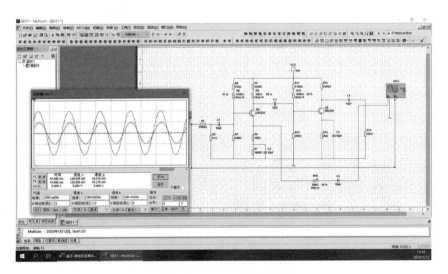

图 3.1　Multisim 操作界面

用户可以使用 Multisim 交互式地搭建电路原理图，并对电路进行仿真。Multisim 基于 SPICE 内核并提炼了 SPICE 仿真的复杂内容，这样用户无需懂得深入的技术就可以很快地进行捕获、仿真和分析新的设计，这也使其更适合教育使用。通过 Multisim 和虚拟仪器（Virtual Instrument）技术，PCB 设计工程师和电子学教育工作者可以完成从理论到原理图捕获与仿真，再到原型设计和测试的完整的综合设计流程。

NI 的 EDA 套件包括了 LabView（虚拟仪器）、Multisim（电路仿真）与 Ultiboard（PCB 版图）三件套，相互之间可以协作设计，比如 Multisim 中的电路图直接更新 PCB 网表方便电路图绘制。后续的模拟电路实验仿真将会采用 Multisim 进行。

Multisim 是交互式仿真，用户可以在仿真运行中改变电路参数，并实时得到测量结果。例如，可以在仿真运行时改变可变电容器和可变电感器的地值、调整电位器等，此时连接在电路中的仪表将显示实时测量值。Multisim 为有源和无源器件提供大量的 SPICE 仿真模型库，包括二极管、三极管和运算放大器，每个模型都符合一定的质量和精度要求。例如，虚拟电阻有一阶和二阶两个温度系数，双极性晶体管模型包括了它的全部 SPICE 等效模拟参数。Multisim 的分析手段完备，除了 11 种常用的测试仪器仪表外，还提供了直流工作点分析、瞬态分析、傅立叶分析等 15 种常用的电路分析手段。这些分析方法基本能满足设计仿真的需求，并具有数模混合仿真能力。Multisim 的系统高度集成、形象直观、操作方便，原理图、电路分析测试和结果的显示等都集成在一个软件窗口中，其操作界面就像实际的实验台，有元件库、仪器仪表库，以及各种仿真分析的命令。元器件的模型非常丰富，与实际元器件对应，元器件连接方式灵活，允许把子电路生成一个元器件使用。使用 Multisim 的虚拟测试设备就如同在实验室做实验一样，用鼠标选取虚拟测试设备，将它们连接在原理电路中，运行仿真后就能在打开的虚拟仪器界面上观察电路的响应波形或其他测量值。仪器界面上有各种调整按钮，其使用方法如同真实的仪器，可供使用者实时操作。

Proteus软件

3.3　Proteus 软件

Proteus 软件是英国 Lab Center Electronics 公司出版的 EDA 工具软件。它不仅具有其他 EDA 工具软件的仿真功能，还能仿真单片机及外围器件，是比较好的仿真单片机及外围器件的工具。Proteus 更加偏重带有 MCU（微控制器）的电路的仿真与调试，但是 Proteus 也包括了模拟电路的仿真能力（图 3.2）。

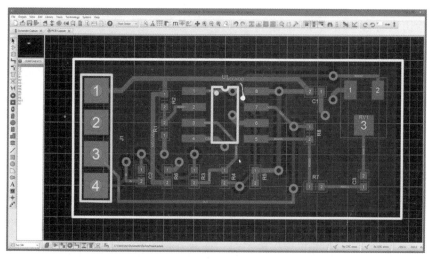

图 3.2　Proteus 软件的 PCB 设计界面

Proteus 涵盖了从原理图布图、代码调试到单片机与外围电路协同仿真及 PCB 设计等诸多方向，是一种三合一的设计软件平台，相比于纯模拟电路或数字电路设计，Proteus 还能支持 8051、HC11、PIC10/12/16/18/24/30/DSPIC33、AVR、ARM、8086 和 MSP430 等 MCU。在编译方面，它也支持 IAR、Keil 和 MATLAB 等多种编译器协同仿真，可以在导入程序的同时进行电路仿真调试。

3.4　Altium Designer 软件

Altium Designer
软件

Altium Designer 简称 AD（图 3.3），是原 Protel 软件开发商 Altium 公司推出的一体化的电子产品开发系统，主要在 Windows 操作系统上运行。

Altium Designer 基于一个软件集成平台，把为电子产品开发提供完整环境所需要的工具全部整合在一个应用软件中。Altium Designer 将原理图设计、印刷电路板设计、FPGA 开发、嵌入式开发、3D PCB 设计等功能完美融合，为设计者提供了全新的设计解决方案，使设计者可以轻松地进行设计，熟练使用这一软件必将使电路设计的质量和效率大大提高。

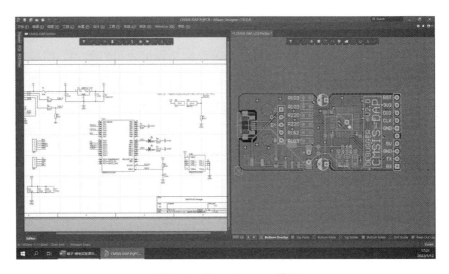

图 3.3　Altium Designer 界面

Altium Designer 完全兼容 Protel 98/Protel 99SE，并对在 Protel 99SE 下创建的 DDB 文件提供导入功能。Altium Designer 除了全面继承包括 Protel 99SE、Protel DXP 在内的先前一系列版本的功能和优点外，还增加了许多改进和高端功能。该平台拓宽了板级设计的传统界面，全面集成了 FPGA 设计功能和 SOPC 设计实现功能，从而允许工程设计人员能将系统设计中的 FPGA 与 PCB 设计及嵌入式设计集成在一起。由于 Altium Designer 在继承先前 Protel 软件功能的基础上，综合了 FPGA 设计和嵌入式系统软件设计功能，Altium Designer 对计算机的系统需求比先前的版本要高一些。

Altium Designer 基本不具备电路仿真功能，主要使用 Altium Designer 进行 PCB 版图绘制与设计调试。Altium Designer 的 Layout 与自动布线能力较为强大，对于大规模 PCB 的设计非常好用。

3.5　KiCAD 软件

Altium Designer 作为商业软件，需要购买许可才可以使用，但是对于小型公司与个人来说，Altium Designer 的定价偏贵。KiCAD 是一款开源并且免费的电路版图绘制软件，可以用来代替 Altium Designer。

KiCAD 包括了原理图绘制（图 3.4）、PCB 绘制、PCB 3D 视图预览，基本涵盖了 Altium Designer 的所有功能，并且兼容 Windows、Linux 操作系统，属于一款跨平台的开发软件。与 Altium Designer 不同，KiCAD 包括较为成熟的电路仿真功能。

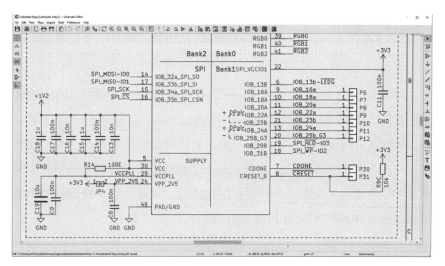

图 3.4　KiCAD 原理图绘制界面

KiCAD 的原理图编辑器支持从最基本的原理图到具有数百张图纸的复杂层次设计的所有内容。KiCAD 支持自定义符号或使用 KiCAD 官方库中的数千个符号。KiCAD 支持使用集成的 SPICE 模拟器和电气规则检查器验证设计。

KiCAD 的 PCB 编辑器易于使用，与 Altium Designer 的交互界面基本相似，并且对于复杂的现代设计来说足够用。强大的交互式布线和改进的可视化选择工具使布局任务更加容易。

　　KiCAD 的 3D 视图预览（图 3.5）与 Altium Designer 相似，允许检查 PCB 的理想外观并避免元器件体积冲突与碰撞、检查机械参数或预览成品。

图 3.5　KiCAD 的 3D 视图预览界面

第四章　基础实验

　　本章的主要内容是低频模拟电路的基础性验证实验,从熟悉仪器开始,包括自基本三极管放大电路到集成运算放大器性质探究的多个基本验证性实验。本章的实验重在验证理论的正确性、学习实际电路的调试技巧,以及加强对于基本模拟电路的直观印象与理解。将理论与实践结合起来,既是一种非常重要的学习方法,也是一种非常有效的学习方法。

　　基础实验部分总共涉及 12 个实验。首先,在第一个实验中,讲述最简单的低频模拟电路:单管单级无反馈甲类信号放大电路。该电路接法简单,易于实现并测试,通过这个电路,初学者可以很方便地熟悉实验环境,熟悉测量仪器以及电子仪表的使用,了解模拟电路的仿真软件 Multisim 的使用方式,使用实验箱的电路搭接方式,实现实验,感受实验过程并亲自验证理论的正确性。其次,介绍使用三极管的射极放大电路,了解信号放大与电流放大的区别。随后举一反三,引入多级放大器以及其相关概念,介绍负反馈放大器如何降低失真率。同时介绍差分放大电路,讲述该种放大器对于模拟电路的保真与自动校准的意义。随后,结合信号分析理论,为了实现更低线性失真,使用集成电路技术将上述放大器的各个优点相结合,引入介绍集成运算放大器,使用集成运放搭建最简单的模拟比例运算电路、模拟求和求差电路。进而引入非线性电路,构成积分器、微分器(经典自动控制理论的基础)。最后,介绍使用运算放大器的有源滤波器、电压比较器、整流滤波电路、波形发生电路等实用电路。

　　学习本章的内容,读者应掌握好低频模拟电路的基础知识,需要一定的电路分析知识、简单的高等数学知识以及部分信号与系统知识等。同时,读者需要勤于动手,切身力行,亲自参与实验,才能学好本章的知识。

4.1　单级放大电路

4.1.1　实验目的

（1）熟悉电子元器件和模拟电路实验箱的使用。

（2）学会测量和调整放大电路静态工作点的方法，观察放大电路的非线性失真。

（3）学习测定放大电路的电压放大倍数。

（4）掌握放大电路的输入阻抗、输出阻抗的测试方法。

（5）学习基本交直流仪器仪表的使用方法。

4.1.2　实验仪器

（1）数字示波器。

（2）信号发生器。

（3）数字万用表。

4.1.3　预习要求

（1）阅读各项实验内容，学习三极管及单级放大器工作原理，明确实验目的。

（2）学习放大器动态及静态工作参数测量方法。

4.1.4　实验原理

电路中的放大主要是指微弱电信号的放大：电压幅度、电流幅度或功率的放大。放大任务由放大电路来完成，放大电路可以将输入的微弱电信号的电压或电流的幅度进行放大，从而放大信号的能量。

小功率的信号经放大电路放大后，其能量得到了加强，这多出来的能量是由直流电源提供的，只是经过放大电路的控制，使之转换成信号能量，提供给负载。所以说放大作用实质上是一种能量的控制作用。具有能量控制作用的器件称为有源器件，如双极型三极管。

本实验采用电路如图 4.1 所示。

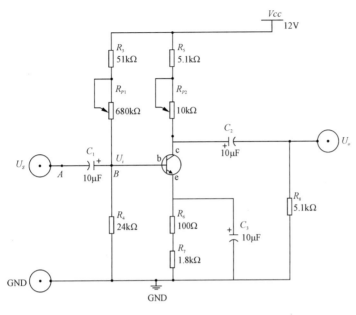

图 4.1　单级放大电路

1. 静态工作点的估算

当流过基极分压电阻的电流远远大于三极管的基极电流时，可以忽略 I_{bQ}，则有

$$U_{bQ} = \frac{R_{b1}}{R_{b1}+R_{b2}}Vcc \qquad (4-1)$$

$$I_{cQ} \approx I_{eQ} = \frac{U_{bQ}-U_{beQ}}{R_e} \qquad (4-2)$$

$$U_{beQ} = Vcc - I_{cQ}R_c - I_{eQ}R_e \approx Vcc - I_{cQ}(R_c+R_e) \qquad (4-3)$$

$$I_{bQ} = \frac{I_{cQ}}{\beta} \qquad (4-4)$$

2. 动态指标的估算与测试

放大电路的动态指标主要有电压放大倍数、输入电阻、输出电阻以及通频带等。

理论上，电压放大倍数 $\dot{A}_u = -\beta\dfrac{\dot{R}_L}{r_{be}}$，输入电阻 $R_i = R_{b1}//R_{b2}//r_{be} \approx r_{be}$，输出电阻 $R_o \approx R_c$。

对于电压放大倍数 A_u 的测量，可以调整放大器到合适的静态工作点，然后加入输入电压 U_i，在输出电压 U_o 不失真的情况下，用交流毫

伏表测出 U_i 和 U_o 的有效值,则

$$A_u = \frac{U_o}{U_i} \tag{4-5}$$

为了测量放大器的输入电阻,按图 4.2 所示电路在被测放大器的输入端与信号源之间串入一已知电阻 R,在放大器正常工作的情况下,用交流毫伏表测出 U_S 和 U_i,则根据输入电阻的定义可得

$$R_i = \frac{U_i}{I_i} = \frac{U_i}{U_S - U_i} R \tag{4-6}$$

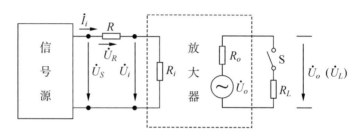

图 4.2 输入、输出电阻测量电路

测量电压放大倍数时,首先将电路调整到合适静态工作点,给定输入电压 U_i,在输出 U_o 电压不失真的情况下,用交流毫伏表测出输出电压 U_o 与输入电压的有效值,则

$$\dot{A}_u = \frac{\dot{U}_o}{\dot{U}_i} \tag{4-7}$$

通频带定义为上限频率与下限频率之差: $f_{BW} = f_H - f_L$。通频带越宽,表明放大电路对信号频率的适应能力越强。其中上下限频率满足如下关系式:

$$A(f_H) = A(f_L) = \frac{A_o}{\sqrt{2}} \approx 0.7A_o \tag{4-8}$$

4.1.5 实验内容及步骤

1. 连接电路

按图 4.3 连接好线路。

2. 调整静态工作点

将函数信号发生器的输出通过输出电缆线接至 U_S 两端,调整函数信号发生器输出的正弦波信号,使 $f = 1\mathrm{kHz}$, $U_i = 10\mathrm{mV}$(U_i 是放大电路输入信号的最大值,用示波器测量可得。一般采用实验箱上加衰减的办

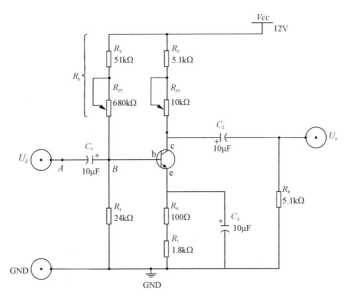

图 4.3 单级放大电路

法，即信号源用一个较大的信号。例如：$U_s = 100\text{mV}$，在实验板上经 100：1 衰减电阻降为 1mV）。将示波器 Y 轴输入电缆线连接至放大电路输出端。然后调整基极电阻 R_{P1}，在示波器上观察 U_o 的波形，将 U_o 调整到最大不失真输出。注意观察静态工作点的变化对输出波形的影响，观察何时出现饱和失真、截止失真，若出现双向失真应减小 U_i，直至不出现失真。调好工作点后 R_{P1} 电位器不能再动（$R_b = R_3 + R_{P1}$）。用万用表测量静态工作点，记录数据于表 4-1 中。（测量 U_{ce} 和 I_c 时，应使用万用表的直流电压挡和直流电流挡）

表 4-1 静态工作点测量值

测量参数	$U_{be}(V)$	$I_c(mA)$	$I_b(mA)$	$U_{ce}(V)$	$U_c(V)$	$U_b(V)$	$U_e(V)$	$R_b(k\Omega)$
实测值								

3. 测量放大电路的电压放大倍数

（1）调节函数信号发生器输出为正弦信号，调节，用示波器观察放大器的输出波形。若波形不失真，用晶体管毫伏表测量放大器空载时的输出电压及负载时的输出电压的实测值。调节，重复上述步骤，验证放大倍数的线性关系，记录数据于表 4-2 中。（测量输入电压、输出电压时，用晶体管毫伏表测量）

表 4-2 电压放大倍数测量值

栏目	实测值		计算值
	U_i	U_o	A_u
空载			
加载			

（2）改变 R_C 阻值的大小（调节电位器 R_{p2}），重复上述实验步骤。

4. 测量放大器输入、输出电阻

（1）输入电阻的测量：断开电阻 R_2，用万用表的欧姆挡测量信号源与放大器之间的电阻 R_1，用晶体管毫伏表测量信号源两端电压 U_S 以及放大器输入电压 U_i，可求得放大电路的输入阻抗 R_i。

$$R_i = \left(\frac{U_i}{U_S - U_i}\right) \cdot R_1 \qquad (4-9)$$

（2）输出电阻的测量：在放大器输出信号不失真的情况下，断开 R_L，用晶体管毫伏表测量输出电压 U_o，接上 R_L，测得 U_{oL}，可求得放大电路的输出阻抗 R_o。

$$R_o = \left(\frac{U_o - U_{oL}}{U_{oL}}\right) \cdot R_L \qquad (4-10)$$

5. 观察放大电路的非线性失真

（1）工作点合适，输入信号过大引起的非线性失真：在静态工作点不变的情况下增大输入信号，用示波器观察输出波形的失真现象，用万用表测量 I_c 和 U_{ce} 的值。

（2）工作点不合适，引起的非线性失真：在放大器输入电压 U_i 不变的情况下，改变放大电路的静态工作点（调节 R_{P1} 的大小），用示波器观察输出电压 U_o 波形的变化，并用万用表测量 I_c 和 U_{ce} 的值。将上述结果填入表 4-3 中。

表 4-3 非线性失真记录表

R_b	波形图	I_c	U_{ce}	何种失真
最小				
最大				

6. 用万用表检测三极管

在上述实验步骤中，需要对放大电路进行理论分析，而在分析中需要检测并判断三极管，此时可以用万用表来测量。测量步骤如下：

（1）判定基极 b 和管型。判断根据是从基极 b 到集电极 c 以及基极 b 到发射极 e，分别是两个 PN 结。将万用表拨到欧姆挡的 R100（或 R1K）位置，用红表笔触碰某个电极，黑表笔分别去接触另两个电极，若两次测量得到的电阻值很大或很小，则红表笔接的是基极；若两次测量得到的阻值相差很大，则说明红表笔接的不是基极，应更换电极重新测量。在已知基极时，用黑表笔接触另两极，若测量的阻值较大时，则三极管为 NPN；反之，阻值较小时，三极管为 PNP 型。

（2）判断集电极 c、发射极 e。在确定了基极后，用万用表再次测量其他两个电极之间的电阻值，然后交换表笔重新测量一次，两次测量到的阻值应该不等。对于较小阻值的 NPN，红表笔接的是发射极 e，黑表笔接的是集电极 c；对 PNP 而言，红表笔接的是集电极 c，黑表笔接的是发射极 e。

4.1.6　思考题

（1）测量静态工作点用何种仪表？测量 U_i、U_o 用何种仪表？

（2）如何用万用表判断电路中晶体管的工作状态（放大、截止、饱和）？

（3）测量 R_b 的数值，不断开与基极的连线，可以吗？为什么？

（4）如果放大器无负载时出现饱和失真，加上负载后，情况会怎样？为什么？

（5）放大器的非线性失真在哪些情况下可能出现？

4.2　射极跟随器

4.2.1　实验目的

（1）掌握射极跟随器的特性及测量方法。

（2）进一步学习放大器各项参数的测量方法。

4.2.2 实验仪器

（1）数字示波器。

（2）信号发生器。

（3）数字万用表。

4.2.3 预习要求

（1）参照教材有关章节内容，熟悉射极跟随器的原理及特点。

（2）根据图 4.4 中元器件参数，估算静态工作点，画交直流负载线。

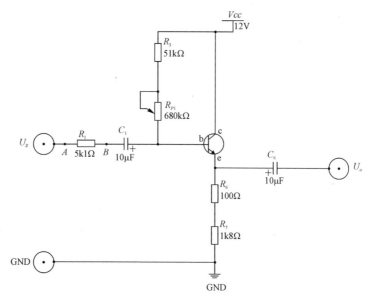

图 4.4 射极跟随器电路图

4.2.4 实验原理

射极跟随器输出电压可以在较大范围内跟随输入电压作线性变化，而具有优良的跟随特性。

1. 输入电阻 R_i

实际测量时，在输入端串接一个已知电阻 R_1，在 A 端输入信号 U_i，在 B 端的输入信号为 U_i'，显示设计跟随器的输入电流为 $I_i' = \dfrac{U_i - U_i'}{R}$。$I_i'$ 是流过 R 的电流，于是射极输出器的输入电阻为

$$R_i = \frac{U_i'}{I_i'} = \frac{U_i'}{\dfrac{U_i - U_i'}{R}} = \frac{R}{\dfrac{U_i}{U_i} - 1} \tag{4-11}$$

因此，只要测得 A、B 两点信号电压的大小就可以按照上式计算出输入电阻 R_i。

2. 输出电阻 R_o

在放大器的输出端带上负载 R_L，则放大器的输出信号电压 U_L 将比不带负载时的 U_o 有所下降。因此从放大器的输出端看进去，整个放大器相当于一个等效电源，该等效电源的电动势为 U_S，内阻即为放大器的输出电阻 R_o。按等效电路先使放大器开路，测出其输出电压 U_o，显然，$U_o = U_S$，再使放大器带上负载 R_L，由于 R_o 的影响，输入电压将降为

$$U_i = \frac{R'_L U_S}{R_o + R_L} \tag{4-12}$$

又 $U_o = U_S$，则

$$R_o = (\frac{U_o}{U_S} - 1) R_L \tag{4-13}$$

因此，在已知负载 R_L 的条件下，只要测出 U_o 和 U_L，就可以按照上式算出射极输出器的输出电阻 R_o。

3. 电压跟随范围

电压跟随范围，是指跟随器输出电压随输入电压作线性变化的区域，但在输入电压超过一定范围时，输出电压便不能跟随输入电压作线性变化，失真急剧增加。因为射极跟随器的电压放大倍数 $A_u = \frac{U_o}{U_i} = 1$。

由此说明，当输入信号 U_i 升高时，输出信号 U_o 也升高，反之，若输入信号降低，输出信号也降低，因此射极输出器的输出信号与输入信号是同相变化的，这就是射极输出器的跟随作用。所谓跟随范围就是输出电压能够跟随输入电压摆动到的最大幅度还不至于失真，换句话说，跟随范围就是射极的输出动态范围。

4.2.5 实验内容与步骤

1. 连接电路

按图 4.4 电路接线。

2. 直流工作点的调整

将电源+12V 接上，在 A 点加 $f = 1$kHz 正弦波信号，输出端用示波器观察，反复调整 R_{P1} 及信号源输出幅度，使输出幅度在示波器屏幕上得到一个最大不失真波形，然后断开输入信号，用万用表测量晶体管各

极对地的电位，即为该放大器静态工作点。将所测数据填入表4-4中。

表4-4 直流工作点记录表

U_e（V）	U_b（V）	U_c（V）	$I_c = U_e/R_e$

3. 测量电压放大倍数 A_u

接入负载 $R_L = 1\text{k}\Omega$，在 A 点加 $f = 1\text{kHz}$ 信号，调输入信号幅度（此时偏置电位器 R_{P1} 不能再旋动），用示波器观察，在输出最大不失真情况下测 U_i、U_L 值。将所测数据填入表4-5中。

表4-5 电压放大倍数记录表

A_i（V）	U_o（V）	$A_u = U_o/U_i$

4. 测量输出电阻 R_o

在 A 点加 $f = 1\text{kHz}$，$U_i = 100\text{mV}$ 左右的正弦波信号，接上负载 $R_L = 2\text{k}\Omega$，用示波器观察输出波形，用毫伏表测量放大器的输出电压 U_L 及空载（$R_L = \infty$），即 R_L 断开时的输出电压 U_o 的值。将所测数据填入表4-6中。

$$R_o = (\frac{U_o}{U_L} - 1) \times R_L \tag{4-14}$$

表4-6 输出电阻记录表

U_o（mV）	U_L（mV）	R_o

5. 测量放大器输入电阻 R_i

在输入端串入5.1kΩ电阻，A 点加入 $f = 1\text{kHz}$ 的正弦波信号，用示波器观察输出波形，用毫伏表分别测 A、B 点对地电位 U_A、U_B。将测量数据填入表4-7中。

$$R_i = (\frac{U_B}{U_A - U_B} \times R_1) = \frac{R_1}{\dfrac{U_A}{U_B} - 1} \tag{4-15}$$

表4-7 输入电阻记录表

U_A（V）	U_B（V）	R_i

6. 测射极跟随器的跟随特性并测量输出电压峰峰值 U_{opp}

接入负载 $R_L = 2k\Omega$，在 A 点加入 $f = 1kHz$ 的正弦信号，逐渐增大输入信号幅度 U_i，用示波器观察输出端，在波形不失真时，测所对应的 U_L 值，计算出 A_u，并用示波器测量输出电压的峰峰值 U_{opp} 与毫伏表读测的对应输出电压有效值比较。将所测数据填入表 4-8 中。

表 4-8 跟随特性记录表

	1	2	3	4
U_i				
U_L				
U_{opp}				
A_u				

4.2.6 实验报告

（1）绘出实验原理电路图，标明实验的元件参数值。

（2）整理实验数据及说明实验中出现的各种现象，得出有关的结论，画出必要的波形及曲线。

（3）将实验结果与理论计算结果比较，分析产生误差的原因。

4.3 两级放大电路

4.3.1 实验目的

（1）掌握多级放大电路静态工作点的测试和调整方法。

（2）掌握测试多级放大电路电压放大倍数的方法。

（3）掌握测试放大器频率特性的方法。

4.3.2 实验仪器

（1）数字示波器。

（2）数字万用表。

（3）信号发生器。

4.3.3 预习要求

（1）复习教材多级放大电路内容及频率响应特性测量方法。

（2）分析图 4.5 两级交流放大电路。初步估计测试内容的变化范围。

4.3.4 实验原理

（1）对于两级放大电路，习惯上规定第一级是从信号源到第二个晶体管的基极，第二级是从第二个晶体管 VT_2 的基极到负载，这样两级放大器的电压总增益 A_u 为

$$A_u = \frac{U_{o2}}{U_{i1}} = \frac{U_{o2}}{U_{i2}} \cdot \frac{U_{o1}}{U_{i1}} = A_{u1} \cdot A_{u2} \tag{4-16}$$

式中电压均为有效值，且 $U_{o1} = U_{o2}$，由此可见，两级放大器电压总增益是单级电压增益的乘积，由结论可推广到多级放大器。当忽略信号源内阻 R_S 和偏流电阻 R_b 的影响，放大器的中频电压增益为

$$A_{u1} = \frac{U_{o1}}{U_{i1}} = -\frac{\beta_1 R'L_1}{r_{be1}} = -\beta_1 \frac{R_{c1} /\!/ r_{be2}}{r_{be1}} \tag{4-17}$$

$$A_{u2} = \frac{U_{o2}}{U_{i2}} = \frac{U_{o2}}{U_{o1}} = -\frac{\beta_2 R'L_2}{r_{be2}} = -\beta_2 \frac{R_{c2} /\!/ R_L}{r_{be2}} \tag{4-18}$$

$$A_u = A_{u1} \cdot A_{u2} = \beta_1 \frac{R_{c1} /\!/ r_{be2}}{r_{be1}} \cdot \beta_2 \frac{R_{c2} /\!/ R_L}{r_{be2}} \tag{4-19}$$

必须要注意的是，A_{u1}、A_{u2} 都是考虑了下一级输入电阻（或负载）的影响，所以第一级的输出电压即为第二级的输入电压，而不是第一级的开路输出电压。当第一级增益已计入后一级输入电阻的影响后，在计算第二级增益时，就不必再考虑前一级的输出阻抗，否则计算就重复了。

（2）在两级放大器中 β 和 I_e 的提高，必须全面考虑，是前后级相互影响的关系。

（3）对两级电路参数相同的放大器其单级通频带相同，而总的通频带将变窄。

4.3.5 实验内容

实验电路如图 4.5 所示。

1. 调整并测量最佳静态工作点

具体步骤如下：

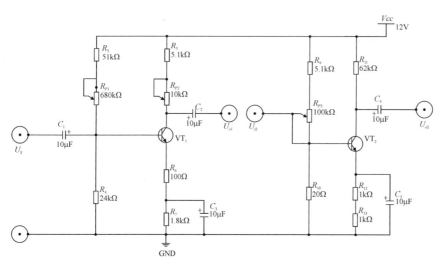

图 4.5 两级放大电路

（1）按图 4.5 接线，注意接线尽可能短。

（2）先将 R_{P2} 调至 $1k\Omega$，通电。然后调节 R_{P1}，使 $U_{ce1} = 7 \sim 8V$，调节 R_{P3}，使 $U_{ce2} = 7 \sim 8V$。断开第一级晶体管集电极连线，串入万用表（电流挡）测量 I_{c1}。断开第二级集电极连线，测量 I_{c2}，将测量数据 U_{ce1}、U_{ce2}、U_{c1}、U_{c2} 记录至表 4-9 中。（测量 U_{ce} 用万用表的直流电压挡并联测量，测量 I_c 用万用表的直流电流挡串联测量）

表 4-9 静态工作点记录表

测量参数	I_{c1}（mA）	U_{ce1}（V）	U_{c1}（V）	I_{c2}（mA）	U_{ce2}（V）	U_{c2}（V）
实测值						

（3）参照 4.1 实验内容，将信号源接入 U_S 两端，示波器接在放大器输出端，观察调节函数信号发生器，使输出信号在示波器上的波形为最大不失真时的波形。

注意：如发现有寄生振荡，可采用以下措施消除：

① 重新布线，尽可能走线短。

② 可在三极管 e、b 极间加几皮法到几百皮法的电容。

③ 信号源与放大器用屏蔽线连接。

2. 测量电压放大倍数

（1）调节函数信号发生器，使放大器的输入信号为 $U_i = 1mV$，$f =$

1kHz 的正弦信号。(一般采用实验箱上加衰减的办法,即信号源用一个较大的信号。例如:100mV,在实验板上经 100:1 衰减电阻降为 1mV)

(2)断开负载,用示波器分别观察第一级和第二级放大器的输出波形,若波形失真,可少许调节 R_{P1} 及 R_{P3},直到使两级放大器输出信号都不失真为止。

(3)在输出波形不失真的条件下,测量记录 U_i、U_{o1}、U_{o2}。

(4)接入负载电阻 R_L(或用 R_{P4} 代替),其他条件同上,测量记录 U_i、U_{o1}、U_{o2},填入表 4-10 中。并计算 A_{u1}、A_{u2}、A_u。(可调节负载电阻值观察结果)

表 4-10 电压放大倍数记录表

条件	输入与输出电压			电压放大倍数		
	U_i	U_{o1}	U_{o2}	A_{u1}	A_{u2}	A_u
空载						
加载						

3. 测量两级放大器的频率特性

(1)先将放大器负载断开,再将输入信号频率调到 1kHz,输出电压 U_o 幅度调到最大而不失真。

(2)保持输入信号幅度不变,降低信号源频率,可以选择多个不同频率,记录相应的输出电压值。同理,升高信号源频率,记录不同频率时的输出电压值。当放大器输出电压等于 $0.707U_o$ 时,对应的信号源频率即为放大器的下限频率 f_L 和上限频率 f_H。

(3)接上负载,重复上述实验。

4.3.6 思考题

(1)第二级接入给第一级的放大倍数带来什么影响?为什么?

(2)两级单独工作时,测得的放大倍数的乘积是否等于两级级联工作时测得的总的放大倍数?为什么?

(3)若第一级的输出不经耦合电容而直接接到第二级的基极,对电路的工作点有何影响?

(4)为什么放大器在频率较低或较高时,电压放大倍数均会下降?

4.4　负反馈放大电路

4.4.1　实验目的

（1）研究负反馈对放大器放大倍数的影响。

（2）了解负反馈对放大器通频带和非线性失真的改善。

（3）进一步掌握多级放大电路静态工作点的调试方法。

4.4.2　实验仪器

（1）数字示波器。

（2）信号发生器。

（3）数字万用表。

4.4.3　预习要求

（1）认真阅读实验内容要求，估计待测量内容的变化趋势。

（2）图 4.7 电路中晶体管 β 值为 120。计算该放大器开环和闭环电压放大倍数。

（3）放大器频率特性的测量方法。

说明：计算开环电压放大倍数时，要考虑反馈网络对放大器的负载效应。对于第一级电路，该负载效应相当于 C_F、R_F 与 R_6 并联，由于 $R_6 \leqslant R_F$，所以 C_F、R_F 的作用可以略去。对于第二级电路，该负载效应相当于 C_F、R_F 与 R_6 串联后作用在输出端，由于 $R_6 \leqslant R_F$，因此可近似看成第二级接有内部负载 C_F、R_F。

在图 4.7 电路中，计算级间反馈系数 F。

4.4.4　实验原理

放大器中采用负反馈，在降低放大倍数的同时，可使放大器的某些性能大大改善。负反馈的类型很多，本实验以一个输出电压、一个输入串联负反馈的两级放大电路为例，如图 4.7 所示。C_F、R_F 从第二级 VT_2 的集电极接到第一级 VT_1 的发射极构成负反馈。

下面列出负反馈放大器的有关公式，供验证分析时作参考。

1. 放大倍数和放大倍数稳定度

负反馈放大电路可以用图 4.6 表示。

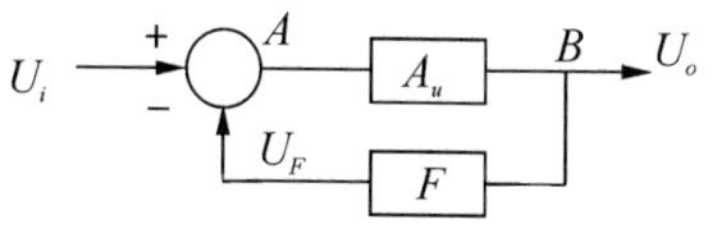

负反馈放大器的放大倍数为

图 4.6 负反馈放大电路框图

$$A_u F = \frac{A_u}{1 + A_u F} \qquad (4-20)$$

式中 A_u 称为开环放大倍数，反馈系数为

$$F = \frac{R_{e1}}{R_{e1} + R_F} \qquad (4-21)$$

反馈放大器的反馈放大倍数稳定度与无反馈放大器的反馈放大倍数稳定度有如下关系：

$$\frac{\Delta A_u F}{A_u F} = \frac{\Delta A_u}{A_u} = \frac{1}{1 + A_u F} \qquad (4-22)$$

式中 $\frac{\Delta A_u F}{A_u F}$ 称为负反馈放大器的放大倍数稳定度，$\frac{\Delta A_u}{A_u}$ 称为无反馈放大器的放大倍数稳定度。

由上式可知，负反馈放大器比无反馈放大器的稳定度提高了 $1 + A_u F$ 倍。

2. 频率响应特性

引入负反馈后，放大器的频响曲线的上限频率 f_{HF} 比无反馈时扩大到 $1 + A_u F$ 倍，即

$$f_{HF} = (1 + A_u F) f_H \qquad (4-23)$$

而下限频率比无反馈时减小到 $\frac{1}{1 + A_u F}$ 倍，即

$$f_{LF} = \frac{f_L}{1 + A_u F} \qquad (4-24)$$

由此可见，负反馈放大器的频带变宽。

3. 非线性失真系数

按定义 $D = \frac{U_d}{U_1}$，式中 U_d 为信号内容包含的谐波成分总和（$U_d = \sqrt{U_2^2 + U_3^2 + U_4^2 + \cdots}$，其中 U_2、U_3…分别为二次、三次……谐波成分的有效值）；U_1 为基波成分有效值。在负反馈放大器中，由非线性失真产生

的谐波成分比无反馈时减小到 $\dfrac{1}{1+A_uF}$ 倍，即

$$U_{dF}=\dfrac{U_d}{1+A_uF}\qquad(4-25)$$

同时，由于保持输出的基波电压不变，因此非线性失真系数 D 也减小到 $\dfrac{1}{1+A_uF}$ 倍，即

$$D_F=\dfrac{D}{1+A_uF}\qquad(4-26)$$

4.4.5　实验内容

1. 连接实验线路

如图 4.7 所示，将线连好。放大电路输出端接 R_{P_4}、C_6（后面称为 R_F）两端，构成负反馈电路。

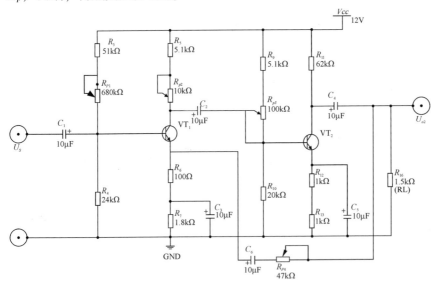

图 4.7　负反馈放大电路

2. 调整静态工作点

方法同 4.2 实验内容。将实验数据填入表 4-11 中。

表 4-11　静态工作点记录表

测量参数	I_{c1}（mA）	U_{ce1}（V）	I_{c2}（mA）	U_{ce2}（V）
实测值				

3. 负反馈放大器开环和闭环放大倍数的测试

（1）开环电路：

① 按图 4.7 接线，R_F 先不接入。

② 输入端接入 $U_i = 1\mathrm{mV}$，$f = 1\mathrm{kHz}$ 的正弦波（注意：输入 1mV 信号采用输入端衰减法，见 4.2 实验）。调整接线和参数使输出不失真且无振荡（参考 4.2 实验方法）。

③ 按表 4-12 要求进行测量并填表。

④ 根据实测值计算开环放大倍数和输出电阻。

（2）闭环电路：

① 接通直流电源，按（1）的要求调整电路。

② 调节 $R_{P_4} = 3\mathrm{k}\Omega$，按表 4-12 要求测量并填表，计算 A_{uF} 和输出电阻 R_o。

③ 改变 R_{P_4} 的大小，重复上述实验步骤。

④ 根据实测结果，验证 $A_{uF} \approx 1/F$。讨论负反馈电路的带负载能力。

表 4-12 放大倍数记录表

	R_L（kΩ）	U_i（mV）	U_o（mV）	A_{uF}
开环	∞	1		
	1.5	1		
闭环	∞	1		
	1.5	1		

4. 观察负反馈对非线性失真的改善

（1）将图 4.7 电路中的 R_F 断开，形成开环，逐步加大 U_i 的幅度，使输出信号适当出现失真（注意：不要过分失真），记录失真波形幅度及此时的输入信号值。

（2）将电路中的 R_F 接上，形成闭环，观察输出信号波形的情况，并适当增加 U_i 幅度，使放大器输出幅度接近开环时的输出信号失真波形幅度，记录此时输入信号值。并和实验步骤（1）进行比较，是否负反馈可改善电路的失真。

（3）若 $R_F = 3\mathrm{k}\Omega$ 不变，但 R_F 接入 VT$_1$ 的基极，会出现什么情况？实验验证之。

（4）画出上述各步实验的波形图。

5. 负反馈对输入电阻的影响

断开电阻 R_2，同时加入正弦信号，使 $U_S = 10\mathrm{mV}$，$f = 1\mathrm{kHz}$，输出端

空载。按表 4-13 要求，测量开环和闭环时的 U_S 和 U_i，计算 R_i 的值，比较负反馈对放大器输入电阻的影响。

表 4-13　输入电阻记录表

	U_S（V）	U_i（V）	R_i（kΩ）
开环			
闭环			

6. 测放大器的频率特性

（1）将图 4.7 电路先开环，选择 U_i 适当幅度（频率为 1kHz）使输出信号在示波器上有不失真满幅正弦波显示。

（2）保持输入信号幅度不变，逐步增加输入信号频率，直到波形减小为原来的 70%，此时信号频率即为放大器的 f_H。

（3）条件同上，但逐渐减小输入信号频率，测得放大器的 f_L，计算频带宽度 BW。

（4）将电路闭环，重复（1）～（3）步骤，并将结果填入表 4-14。讨论负反馈对放大电路通频带的影响。

表 4-14　频率特性记录表

	f_H（Hz）	f_L（Hz）	f_{BW}（Hz）
开环			
闭环			

4.4.6　思考题

（1）本实验属于什么类型反馈？作用如何？

（2）如果要在图 4.7 的基础上构成并联电流负反馈，应如何连线？

4.5　差动放大电路

4.5.1　实验目的

（1）熟悉差动放大器的工作原理。

（2）掌握差动放大器的基本测试方法。

4.5.2 实验仪器

（1）数字示波器。

（2）数字万用表。

（3）信号发生器。

4.5.3 预习要求

（1）计算图 4.8 电路的静态工作点（设 $R_{bc} = 3\text{k}\Omega$，$\beta = 100$）及电压放大倍数。

（2）在图 4.8 电路的基础上画出单端输入和共模输入的电路。

4.5.4 实验原理

调零电位器 R_p 用来调节 VT_1、VT_2 管的静态工作点，使得输入信号 $U_i = 0$ 时，双端输出电压 $U_o = 0$。R_e 为两管共同的发射极电阻，它对差模信号无负反馈，因为不影响差模电压的放大倍数但对共模信号有较强的负反馈作用，所以可以有效地抑制零漂，稳定静态工作点。电路中用晶体管恒流源代替发射极电阻 R_e，可以进一步提高差动放大器抑制共模信号的能力。

1. 静态工作点的估算

（1）典型电路：

$$I_e = \frac{|U_{ee}| - U_{be}}{R_e} \tag{4-27}$$

$$I_{c1} = I_{c2} = \frac{1}{2}I_e \quad （认为 U_{b1} = U_{b2} \approx 0） \tag{4-28}$$

（2）恒流源电路：

$$I_{c3} \approx I_{e3} \approx \frac{\dfrac{R_{21}}{R_{21} + R_{17}}|U_{ee}| - U_{be}}{R_{23}} \tag{4-29}$$

$$I_{c1} = I_{c2} = \frac{1}{2}I_{c3} \tag{4-30}$$

2. 差模电压放大倍数 A_{ud} 和共模电压放大倍数 A_{uc}

当差动放大器的射极电阻 R_e 足够大，或采用恒流源电路的时候，差模电压放大倍数 A_{ud} 由输出端的输出方式决定，而与输入端无关。

（1）双端输入：

当 $R_e = \infty$ ，R_P 在中心位置时，则有

$$A_d = \frac{\Delta U_o}{\Delta U_i} = -\frac{bR_c}{R_b + R_{be} + \frac{1}{2}(1+b)R_r} \tag{4-31}$$

（2）单端输出：

$$A_{d1} = \frac{\Delta U_{c1}}{\Delta U_i} = \frac{1}{2}A_d \tag{4-32}$$

$$A_{d2} = \frac{\Delta U_{c2}}{\Delta U_i} = -\frac{1}{2}A_d \tag{4-33}$$

当输入共模信号时，若为单端输出，则有

$$A_{c1} = A_{c2} = \frac{\Delta U_{c1}}{\Delta U_i} = -\frac{bR_c}{R_b + R_{be} + (1+b)\left(\frac{1}{2}R_P + 2R_e\right)} \tag{4-34}$$

若为双端输出，在理想情况下，则有

$$A_c = \frac{\Delta U_o}{\Delta U_i} = 0 \tag{4-35}$$

实际上，由于元件不可能完全对称，因此 A_c 也不会绝对等于 0。

3. 共模抑制比 CCMR

为了表征差动放大器对有用信号（差模信号）的放大作用和对共模信号的抑制能力，通常用一个综合指标来衡量，即共模抑制比

$$CCMR = \left|\frac{A_d}{A_c}\right| \text{ 或 } CCMR = 20\log\left|\frac{A_d}{A_c}\right| \text{（dB）} \tag{4-36}$$

差动放大器的输入信号可采用直流信号，也可采用交流信号。

4.5.5 实验内容及步骤

实验电路如图 4.8 所示。

1. 测量静态工作点

（1）调零。将输入端 U_{i1}，U_{i2} 短路并接地，接通直流电源，调节调零电位器 R_{P0}，测量 U_{c1}、U_{c2} 之间的电压 U_o，使双端输出电压 $U_o = 0$ 或接近 0，表明电路基本对称。

（2）测量静态工作点。测量差动放大电路中晶体管 U_1、U_2、U_3 各极对地电压并填入表 4-15 中。

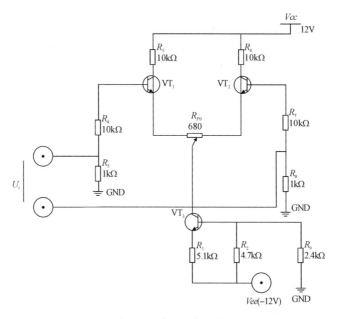

图 4.8 差动放大电路

表 4-15 静态工作点记录表

对地电压	U_{c1}	U_{c2}	U_{c3}	U_{b1}	U_{b2}	U_{b3}	U_{e1}	U_{e2}	U_{e3}
测量值（V）									

2. 测量差模电压放大倍数

在输入端加入直流电压信号 $U_{id} = \pm 0.1\text{V}$，按表 4-16 要求测量并记录，由测量数据算出单端和双端输出的电压放大倍数。注意先调好直流信号的 OUT$_1$ 和 OUT$_2$，使其分别为+0.1V 和-0.1V，再接入 U_{i1} 和 U_{i2}。

3. 测量共模电压放大倍数

将输入端 U_{i1}、U_{i2} 短接，接到交流信号源的输出端，信号源另一端接地。调节此信号为 $U_i = 50\text{mV}$、$f = 1\text{kHz}$ 的正弦信号，在差放输出不失真的情况下，测量此时的单端输出电压值，并考虑怎样计算双端输出的共模电压值。将输入端分先后接入直流信号 OUT$_1$ 和 OUT$_2$，分别测量单端及双端输出电压值并填入表 4-16。由测量数据算出单端和双端输出的电压放大倍数，进一步算出共模抑制比：

$$CCMR = \left| \frac{A_d}{A_c} \right| \tag{4-37}$$

表 4-16　电压值记录表

输入信号 U_i 测量及计算值	差模输入						共模输入						共模抑制比
	测量值（V）			计算值			测量值（V）			计算值			计算值
	U_{c1}	U_{c2}	U_o 双	A_{d1}	A_{d2}	A_d 双	U_{c1}	U_{c2}	U_o 双	A_{c1}	A_{c2}	A_c 双	$CMRR$
直流+0.1V													
直流-0.1V													
正弦信号（50mV、1kHz）													

4. 在实验板上组成单端输入的差放电路进行下列实验

（1）在图 4.8 中将 U_{i2} 接地，组成单端输入差动放大器。从 U_{i1} 端输入直流信号 $U_i = \pm 0.1\text{V}$，测量单端及双端输出，填入表 4-17 记录电压值。计算单端输入时的单端及双端输出的电压放大倍数，并与双端输入时的单端及双端差模电压放大倍数进行比较。

（2）U_{i2} 接地，从 U_{i1} 端加入正弦交流信号 $U_i = 50\text{mV}$，$f = 1\text{kHz}$ 分别测量、记录单端及双端输出电压，填入表 4-17 并计算单端及双端的差模放大倍数。

注意：输入交流信号时，用示波器观察 U_{c1}、U_{c2} 波形，若有失真现象，可减小输入电压值，使 U_{c1}、U_{c2} 都不失真为止。

表 4-17　电压值记录表

输入信号 U_i 测量及计算值	电压值			放大倍数
	U_{c1}	U_{c2}	U_o	
直流+0.1V				
直流-0.1V				
正弦信号（50mV、1kHz）				

4.5.6　实验报告

（1）根据实测数据计算图 4.8 电路的静态工作点，与预计计算结果相比较。

（2）整理实验数据，计算各种接法的 A_d，并与理论计算值相比较。

（3）计算实验步骤 3 中 A_c 和 $CMRR$ 值。

（4）总结差放电路的性能和特点。

4.6 比例求和运算电路

4.6.1 实验目的

(1) 掌握用集成运算放大器组成比例、求和电路的特点及性能。

(2) 学会上述电路的测试和分析方法。

4.6.2 实验仪器

(1) 数字万用表。

(2) 数字示波器。

(3) 信号发生器。

4.6.3 预习要求

(1) 计算表 4-18 中的 U_o 和 A_f。

(2) 估算表 4-20 中的理论值。

(3) 估算表 4-21、表 4-22 中的理论值。

(4) 计算表 4-23 中的 U_o 值。

(5) 计算表 4-24 中的 U_o 值。

4.6.4 实验原理

(1) 比例运算放大电路包括反相比例、同相比例运算电路，是其他各种运算电路的基础。下面列出放大倍数的计算公式。

反相比例运算放大器：

$$A_f = \frac{U_o}{U_i} = -\frac{R_F}{R_1} \tag{4-38}$$

同相比例运算放大器：

$$A_f = \frac{U_o}{U_i} = 1 + \frac{R_F}{R_1} \tag{4-39}$$

在同相比例放大器中，当 $R_F = 0$ 和 $R_1 = \infty$ 时，$A_f = 1$，这种电路称为电压跟随器。

(2) 求和电路的输出量反映多个模拟输入量相加的结果，用运算实现求和运算时，可以采用反相输入方式，也可以采用同相输入或双端输入的方式。下面列出它们的计算公式。

反相求和电路：

$$U_o = -(\frac{R_F}{R_1} \cdot U_{i1} + \frac{R_F}{R_2} \cdot U_{i2}) \tag{4-40}$$

若 $R_1 = R_2 = R$，则

$$U_o = \frac{-R_F}{R}(U_{i1} + U_{i2}) \tag{4-41}$$

双端输入求和电路：

$$U_o = \frac{R_F}{R}(\frac{R'_\Sigma}{R_2}U_{i1} - \frac{R_\Sigma}{R_1}U_{i2}) \tag{4-42}$$

式中：

$$R_\Sigma = R_1 /\!/ R_F, \quad R'_\Sigma = R_2 /\!/ R_3 \tag{4-43}$$

4.6.5 实验内容

1. 电压跟随器

实验电路如图 4.9 所示。

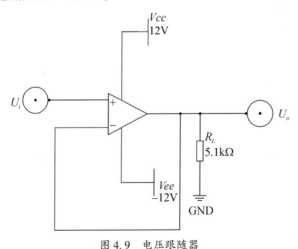

图 4.9 电压跟随器

按表 4-18 要求实验并测量记录。

表 4-18 电压跟随器电压值记录表

	U_i (V)	−2	−0.5	0	+0.5	1
U_o (V)	$R_L = \infty$					
	$R_L = 5.1\text{k}\Omega$					

2. 反相比例放大器

实验电路如图 4.10 所示。

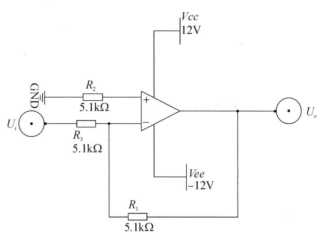

图 4.10　反相比例放大器

（1）按表 4-19 要求实验并测量记录。

表 4-19　反相比例放大器电压值记录表

直流输入电压 U_i（mV）		30	100	300	1 000	3 000
输出 电压 U_o	理论估算（mV）					
	实测值（mV）					
	误　差					

（2）按表 4-20 要求实验并测量记录。

表 4-20　反相比例放大器电压值记录表

	测试条件	理论估算值	实测值
ΔU_o			
ΔU_{R1}	R_L 开路，直流输入信号		
ΔU_{R2}	U_i 由 0 变为 800mV		
ΔU_{R3}			
ΔU_L	R_L 由开路变为 5.1kΩ，直流 输入信号 U_i 由 0 变为 800mV		

（3）测量图 4.10 电路的上限截止频率。

3. 同相比例放大器

同相比例放大器电路如图4.11所示。

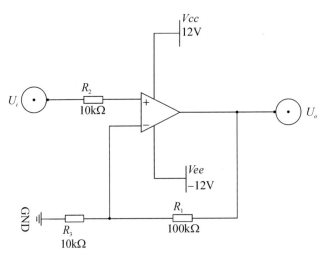

图 4.11　同相比例放大器

（1）按表4-21和表4-22要求实验测量并记录。

表4-21　同相比例放大器电压值记录表

直流输入电压 U_i（mV）		30	100	300	1000
输出 电压 U_o	理论估算（mV）				
	实测值（mV）				
	误　差				

表4-22　同相比例放大器电压值记录表

	测试条件	理论估算值	实测值
ΔU_o			
ΔU_{R1}	R_L 开路，直流输入信号		
ΔU_{R2}	U_i 由 0 变为 800mV		
ΔU_{R3}			
ΔU_L	R_L 由开路变为 5.1kΩ，直流 输入信号 U_i 由 0 变为 800mV		

（2）测量图4.11电路的上限截止频率。

4. 反相求和放大电路

实验电路如图4.12所示。

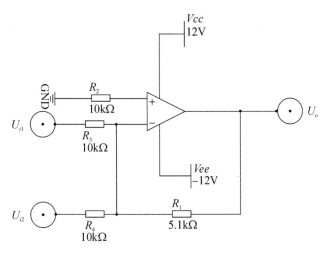

图 4.12　反相求和放大电路

按表4-23要求进行实验测量，并与预习计算比较。

表4-23　反相求和放大电路电压值记录表

U_{i1}（V）	0.3	−0.3
U_{i2}（V）	0.2	0.2
U_o（V）		

5. 双端输入求和放大电路

实验电路如图 4.13 所示。

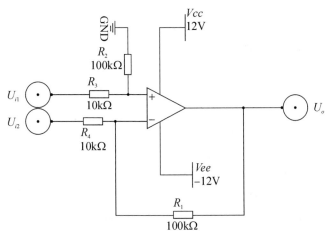

图 4.13　双端输入求和放大电路

按表4-24要求实验并测量记录。

表 4-24   双端输入求和放大电路电压值记录表

U_{i1}（V）	1	2	0.2
U_{i2}（V）	0.5	1.8	-0.2
U_o（V）			

4.6.6   实验报告

（1）总结本实验中 5 种运算电路的特点及性能。

（2）分析理论计算与实验结果误差的原因。

4.7   积分与微分电路

4.7.1   实验目的

（1）学会用运算放大器组成积分与微分电路。

（2）学会积分与微分电路的特点及性能。

4.7.2   实验仪器

（1）数字万用表。

（2）信号发生器。

（3）数字示波器。

4.7.3   预习要求

（1）分析图 4.14 电路，若输入正弦波，U_o 与 U_i 相位差是多少？当输入信号为 100Hz、有效值为 2V 时，输出 U_o 是多少？

（2）分析图 4.15 电路，若输入方波，U_o 与 U_i 相位差是多少？当输入信号为 160Hz、幅值为 1V 时，输出 U_o 是多少？

（3）拟定实验步骤，做好记录表格。

4.7.4   实验原理

（1）积分电路是模拟计算机中的基本单元。利用它可以实现对微分方程的模拟，同时它也是控制和测量系统中的重要单元。利用它的充、放电过程，可以实现延时、定时以及产生各种波形。

图 4.14 为积分电路图，它和反相比例放大器的不同之处是用电容

C 代替反馈电阻 R_f，由虚地的概念可知：

$$I_i = \frac{U_i}{R}$$

$$U_o = -U_C = -\frac{1}{C}\int I_i \mathrm{d}t = -\frac{1}{RC}\int U_i \mathrm{d}t \qquad (4-44)$$

即输出电压与输入电压呈积分关系。

（2）微分电路是积分运算的逆运算。图 4.15 为微分电路图，它与图 4.14 的区别仅在于电容 C 与输入端电阻变换了位置。由虚地的概念可知：

$$U_o = -I_R R = -I_C R = -RC\frac{\mathrm{d}U_C}{\mathrm{d}t} = -RC\frac{\mathrm{d}U_i}{\mathrm{d}t} \qquad (4-45)$$

故知输出电压是输入电压的微分。

4.7.5 实验内容

1. 积分电路

实验电路如图 4.14 所示。

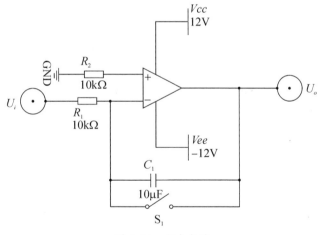

图 4.14 积分电路

（1）取 $U_i = -1\text{V}$，断开开关 S_1，用示波器观察 U_o 变化。

（2）测量饱和输出电压及有效积分时间。

（3）使图 4.14 中的积分电容改为 0.1μ，断开 S_1，U_i 分别输入 100Hz、幅值为 2V 的方波和正弦波信号，观察大小及相位关系，并记录波形。

（4）改变图 4.14 电路的频率，观察 U_i 与 U_o 的相位、幅值关系。

2. 微分电路

实验电路如图 4.15 所示。

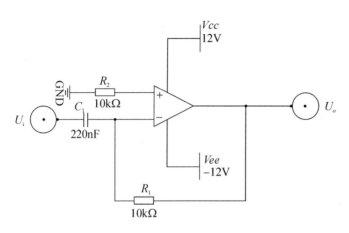

图 4.15 微分电路

（1）输入正弦波信号，$f=200\text{Hz}$、有效值为 1V，用示波器观察 U_i 与 U_o 的波形并测量输出电压。

（2）改变正弦波频率（20~400Hz），观察 U_i 与 U_o 的相位、幅值变化情况并记录。

（3）输入方波，$f=200\text{Hz}$、$U_i=\pm5\text{V}$，用示波器观察 U_o 波形，按上述步骤重复实验。

3. 积分-微分电路

实验电路如图 4.16 所示。

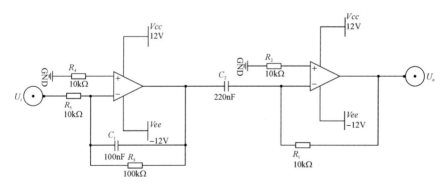

图 4.16 积分-微分电路

（1）在 U_i 输入 $f=200\text{Hz}$、$U_i=\pm5\text{V}$ 的方波信号，用示波器观察 U_i 和 U_o 的波形并记录。

（2）将频率 f 改为 500Hz，重复上述实验。

4.7.6 实验报告

（1）整理实验中的数据及波形，总结积分、微分电路特点。

（2）分析实验结果与理论计算的误差原因。

4.8 有源滤波器

4.8.1 实验目的

（1）熟悉有源滤波器的构成及其特性。

（2）学会测量有源滤波器的幅频特性。

4.8.2 实验仪器

（1）数字示波器。

（2）信号发生器。

4.8.3 预习要求

（1）预习教材中有关滤波器的内容。

（2）分析图 4.19、图 4.20、图 4.21 所示电路，写出它们的增益特性表达式。

（3）计算图 4.19、图 4.20 所示电路的截止频率以及图 4.21 所示电路的中心频率。

（4）画出三个电路的幅频特性曲线。

4.8.4 实验原理

滤波器是一种能使有用频率信号通过而同时抑制（或大幅衰减）无用频率信号的电子装置。工程上常用它进行信号处理、数据传送和抑制干扰等。这里主要讨论模拟滤波器。以往这种滤波电路主要采用无源元件 R、L 和 C 组成。20 世纪 60 年代以来，集成运放获得了迅速发展，由它和 R、C 组成的有源滤波电路，具有不用电感、体积小、重量轻等优点。此外，集成运放的开环电压增益和输入阻抗均很高，输出阻抗又低，构成有源滤波电路后还具有一定的电压放大和缓冲作用。但是，集成运放的带宽有限，所以目前有源滤波电路的工作频率难以做得很高，这是它的不足之处。

1. 基本概念

滤波电路的一般结构如图 4.17 所示。图中的 $U_i(t)$ 表示输入信号，$U_o(t)$ 为输出信号。

U_i　→　滤波电路　→　$U_o(t)$

图 4.17　滤波电路的结构图

假设滤波器是一个线性时不变网络，则在复频域内有

$$A(s) = U_o(s)/U_i(s) \tag{4-46}$$

式中 $A(s)$ 是滤波电路的电压传递函数，一般为复数。对于实际频率来说（$s=j\omega$）则有

$$A(j\omega) = |A(j\omega)| e^{j\varphi(\omega)} \tag{4-47}$$

这里 $|A(jw)|$ 为传递函数的模，$\varphi(\omega)$ 为其相位角。

此外，在滤波电路中关心的另一个量是时延 $\tau(\omega)$，它定义为

$$\tau(\omega) = -\frac{d\varphi(\omega)}{d\omega}(s) \tag{4-48}$$

通常用幅频响应来表征一个滤波电路的特性，欲使信号通过滤波器的失真很小，则相位和时延响应亦需考虑。当相位响应 $\varphi(\omega)$ 作线性变化，即时延响应 $\tau(\omega)$ 为常数时，输出信号才可能避免失真。

2. 滤波电路的分类

对于幅频响应，通常把能够通过的信号频率范围定义为通带，而把受阻或衰减的信号频率范围称为阻带，通带和阻带的界限频率称为截止频率。

理想滤波电路在通带内应具有零衰减的幅频响应和线性的相位响应，而在阻带内应具有无限大的幅度衰减（$|A(j\omega)| = 0$）。通常通带和阻带的相互位置不同，滤波电路通常可分为以下几类：

低通滤波电路：其幅频响应如图 4.18（a）所示，图中表示低频增益 $|A|$ 的幅值。由图可知，它的功能是通过从零到某一截止角频率 ω_H 的低频信号，而对大于 ω_H 的所有频率完全衰减，因此其带宽 $BW=\omega_H$。

高通滤波电路：其幅频响应如图 4.18（b）所示，由图可以看到，在 $0<\omega<\omega_L$ 范围内的频率为阻带，高于 ω_L 的频率为通带。从理论上来说，它的带宽 $BW=\infty$，但实际上，由于受有源器件带宽的限制，高通

滤波电路的带宽也是有限的。

带通滤波电路：其幅频响应如图 4.18（c）所示，图中 ω_L 为低边截止角频率，ω_H 为高边截止角频率，ω_0 为中心角频率。由图可知，它有两个阻带（$0<\omega<\omega_L$ 和 $\omega>\omega_H$），因此带宽 $BW=\omega_H-\omega_L$。

带阻滤波电路：其幅频响应如图 4.18（d）所示，由图可知，它有两个通带（$0<\omega<\omega_H$ 和 $\omega>\omega_L$）和一个阻带（$\omega_H<\omega<\omega_L$）。因此它的功能是衰减 ω_L 到 ω_H 间的信号。同高通滤波电路相似，由于受有源器件带宽的限制，通带 $\omega>\omega_L$ 也是有限的。

带阻滤波电路抑制频带中点所在的角频率 ω_0 也叫中心角频率。

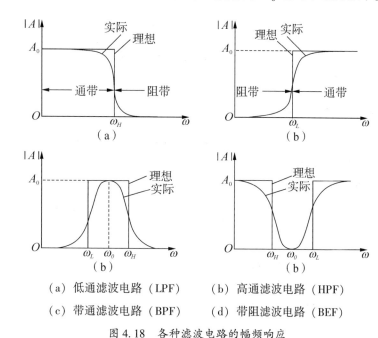

(a) 低通滤波电路（LPF）　　(b) 高通滤波电路（HPF）
(c) 带通滤波电路（BPF）　　(d) 带阻滤波电路（BEF）

图 4.18　各种滤波电路的幅频响应

4.8.5　实验内容

1. 低通滤波器

实验电路如图 4.19 所示。其中，反馈电阻 R_F 选用 10kΩ 电位器，实际可调为 5.7kΩ。

按图 4.19 连接电路，接通电源，将信号发生器的输出接入实验电路的输入，并使其输出为 1V 的正弦信号，按表 4-25 要求改变输入信号的频率，用交流毫伏表测出输出电压值 U_o 并记录，从而测试出电路的幅频特性。在测量过程中，要保持输入电压 1V 不变。

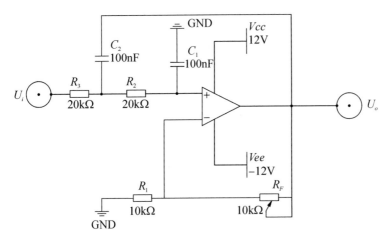

图 4.19 低通滤波器

表 4-25 低通滤波器的幅频特性记录表

$U_i(V)$	1	1	1	1	1	1	1	1	1	1
$f(Hz)$	5	10	15	30	60	100	150	200	300	400
$U_o(V)$										

2. 高通滤波器

实验电路如图 4.20 所示。

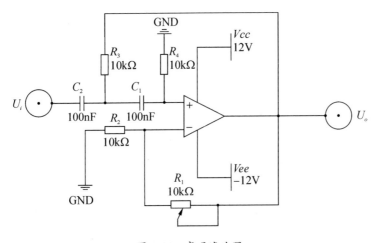

图 4.20 高通滤波器

按照实验内容 1 的测量方法，按表 4-26 要求测量图 4.20 高通滤波器的幅频特性。

表 4-26　高通滤波器的幅频特性记录表

$U_i(V)$	1	1	1	1	1	1	1	1
$f(Hz)$	100	160	500	1k	10k	20k	30k	40k
$U_o(V)$								

3. 带阻滤波器

实验电路如图 4.21 所示。

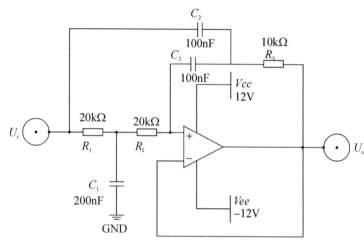

图 4.21　带阻滤波器

（1）测量图 4.21 电路的中心角频率。

（2）以实测中心角频率为中心，测出电路的幅频特性。

4.8.6　实验报告

（1）整理实验数据，画出各电路的幅频特性曲线，并与理论值对比分析误差。

（2）如何组成带通滤波器？试设计一中心角频率为 300Hz、带宽为 200Hz 的带通滤波器。

4.9　电压比较器

4.9.1　实验目的

（1）掌握比较器的电路构成及特点。

（2）学会测试比较器的方法。

4.9.2 实验仪器

（1）数字示波器。

（2）信号发生器。

（3）数字万用表。

4.9.3 预习要求

（1）分析图 4.24 所示电路，弄清以下问题：

1）比较器是否要调零？原因何在？

2）比较器的两个输入端电阻是否要求对称？为什么？

3）运放的两个输入端电位差如何估计？

（2）分析图 4.25 所示电路，计算：

1）使 U_o 由 $-U_{om}$ 变为 $-U_{om}$ 的 U_i 临界值。

2）使 U_o 由 $-U_{om}$ 变为 $+U_{om}$ 的 U_i 临界值。

3）若由 U_i 输入有效值为 1V 的正弦波，试画出 U_i-U_o 波形图。

（3）分析图 4.26 所示电路，重复（2）的各步骤。

（4）按实验内容准备记录表格及记录波形的坐标纸。

4.9.4 实验原理

电压比较就是将一个模拟量的电压信号去和一个参考电压相比较，在二者幅度相等的附近，输出电压将产生跃变，通常用于越限报警、模数转换和波形变换等场合。

1. 过零比较器

如图 4.24 所示为反相输入方法的过零比较器，利用两个背靠背的稳压管实现限幅。集成运放处于工作状态，由于理想运放的开环差模增益 $A_{od} = \infty$ ，则

当 $U_i < 0$ 时， $U_o = +U_{opp}$ （为最大输出电压） $> U_Z$ ，导致上稳压管导通，下稳压管反向击穿 $U_o = +U_Z = +6V$ 。

当 $U_i > 0$ 时， $U_o = -U_{opp}$ ，导致上稳压管反向击穿，下稳压管正向导通 $U_o = -U_Z = -6V$ 。其比较器的传输特性如图 4.22 所示。

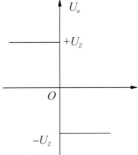

图 4.22 比较器的传输特性

2. 反相滞回比较器

如图 4.25 所示为反相滞回比较器，利用叠加原理求得同相输入端的电位为

$$U_+ = \frac{R_F}{R_2+R_F}U_{REF} + \frac{R_2}{R_2+R_F}U_o \tag{4-49}$$

若原来的 $U_o = -U_Z$，当 U_i 逐渐增大时，使 U_o 从 $-U_Z$ 跳变到 $+U_Z$ 所需的门限电平用 U_{T+} 表示，则

$$U_{T+} = \frac{R_F}{R_2+R_F}U_{REF} + \frac{R_2}{R_2+R_F}U_Z \tag{4-50}$$

若原来的 $U_o = +U_Z$，当 U_i 逐渐减小时，使 U_o 从 $+U_Z$ 跳变到 $-U_Z$ 所需的门限电平用 U_{T-} 表示，则

$$U_{T-} = \frac{R_F}{R_2+R_F}U_{REF} - \frac{R_2}{R_2+R_F}U_Z \tag{4-51}$$

上述两个门限电平之差称为门限宽度线回差，用 ΔU_T 表示：

$$\Delta U_T = U_{T+} - U_{T-} = \frac{2R_2}{R_2+R_F}U_Z \tag{4-52}$$

门限宽度 ΔU_T 的值取决于 U_Z 及 R_2、R_F 的值，与参考电压 U_{REF} 无关，改变 U_{REF} 的大小可同时调节 U_{T+}、U_{T-} 的大小，滞回比较器的传输特性可左右移动，但滞回曲线的宽度将保持不变。

3. 同相滞回比较器

如图 4.26 所示为同相滞回比较器，由于 $U_- = U_{REF} = 0$，故 $U_+ = U_- = 0$，利用叠加原理可得：

$$U_+ = \frac{R_F}{R_1+R_F}U_1 + \frac{R_1}{R_1+R_F}U_o, \qquad U_1 = -\frac{R_1}{R_F}U_o \tag{4-53}$$

U_1 即为阈值 $U_{T+} = \frac{R_1}{R_F}U_Z$，$U_{T-} = -\frac{R_1}{R_F}U_Z$，则

$$\Delta U_T = U_{T+} - U_{T-} = \frac{R_1}{R_F}U_Z - (-\frac{R_1}{R_F}U_Z) = 2\frac{R_1}{R_F}U_Z \tag{4-54}$$

滞回曲线图如图 4.23 所示。

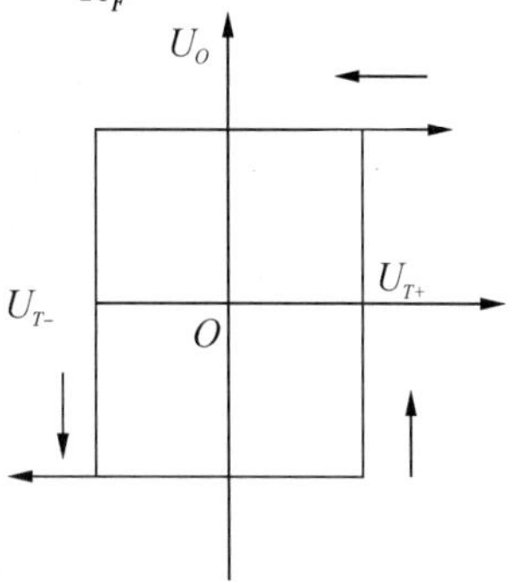

图 4.23 滞回曲线图

4.9.5 实验内容

1. 过零比较器

实验电路如图 4.24 所示。

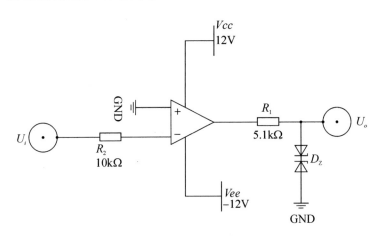

图 4.24 过零比较器

（1）按图 4.24 接线，当 U_i 悬空时测 U_o 电压。

（2）U_i 输入 500Hz、有效值为 1V 的正弦波，观察 U_i 和 U_o 波形并记录。

（3）改变 U_i 幅值，观察 U_o 变化。

2. 反相滞回比较器

实验电路如图 4.25 所示。

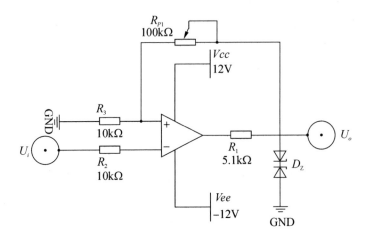

图 4.25 反相滞回比较器

（1）按图 4.25 接线，并将 R_{P1} 调为 100kΩ，U_i 接 DC 电压源，测出 U_o 由 $+U_{om} \rightarrow -U_{om}$ 时 U_i 的临界值。

（2）同上，测出 U_o 由 $-U_{om} \rightarrow +U_{om}$ 时 U_i 的临界值。

（3）U_i 接 500Hz、有效值为 1V 的正弦信号，观察并记录 U_i 和 U_o 波形。

（4）将电路中 R_{P1} 调为 200kΩ，重复上述实验。

3. 同相滞回比较器

实验电路如图 4.26 所示。

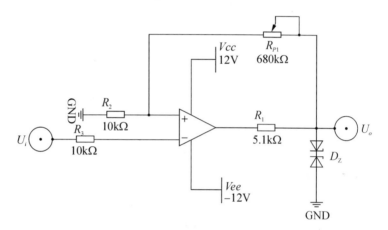

图 4.26　同相滞回比较器

（1）参照实验内容 2 自拟实验步骤及方法。

（2）将结果与实验步骤 2 相比较。

4.9.6　实验报告

（1）整理实验数据及波形图，并与预习计算值比较。

（2）总结几种比较器的特点。

4.10　集成电路 RC 正弦波振荡器

4.10.1　实验目的

（1）掌握 RC 桥式正弦波振荡器的电路构成及工作原理。

（2）熟悉正弦波振荡器的调整、测试方法。

（3）观察 RC 参数对振荡频率的影响，学习振荡频率的测定方法。

4.10.2　实验仪器

（1）数字示波器。

（2）信号发生器。

（3）频率计。

4.10.3　预习要求

复习 RC 桥式振荡器的工作原理。

4.10.4　实验原理

文氏桥振荡电路如图 4.27 所示。

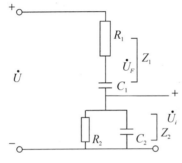

图 4.27　文氏桥振荡电路

其频率特性表示式为

$$\dot{F} = \frac{\dot{U}_F}{\dot{U}} = \frac{Z_2}{Z_1 + Z_2} = \frac{\dfrac{R_2}{1 + jwR_2C_2}}{R_1 + \dfrac{1}{jwC_1} + \dfrac{R_2}{1 + jwR_2C_2}} \tag{4-55}$$

为了调节振荡频率的方便，通常使 $R_1 = R_2 = R$，$C_1 = C_2 = C$，令 $\omega_0 = \dfrac{1}{RC}$，则上式可简化为

$$\dot{F} = \frac{1}{3 + j\left(\dfrac{W}{W_0} - \dfrac{W_0}{W}\right)} \tag{4-56}$$

其幅度特性为

$$|\dot{F}| = \frac{1}{\sqrt{3^2 + \left(\dfrac{W}{W_0} - \dfrac{W_0}{W}\right)^2}} \tag{4-57}$$

其相频特性为

$$\varphi_F = -\arctan\left[\frac{\left(\dfrac{W}{W_0}-\dfrac{W_0}{W}\right)}{3}\right] \tag{4-58}$$

当 $\omega=\omega_0=\dfrac{1}{RC}$ 时，$|\dot{F}|_{\max}=\dfrac{1}{3}$，$\dot{\varphi}_F=0$，就是说当 $f=f_o=\dfrac{1}{2\pi RC}$ 时，$\dot{U}_F$ 的幅值达到最大，等于 $\dot{U}$ 幅值的 $1/3$，同时 $\dot{U}_F$ 与 $\dot{U}$ 同相。

其起振条件：必须使 $|\dot{A}\dot{F}|>1$。因此文氏振荡电路的起振条件为 $\left|\dot{A}\cdot\dfrac{1}{3}\right|>1$，即 $|\dot{A}|>3$，同相比例运算电路的电压放大倍数为

$$A_{uF}=1+\frac{R_F}{R_i} \tag{4-59}$$

故实际振荡电路中负反馈支路的参数应满足以下关系：

$$R_F>2R' \quad (R'=RR_F=2R_P) \tag{4-60}$$

4.10.5 实验内容

1. 接线

按图 4.28 接线，注意电位器 $R_P=10\text{k}\Omega$（即等于 R_3 的值），需预先调好再接入。

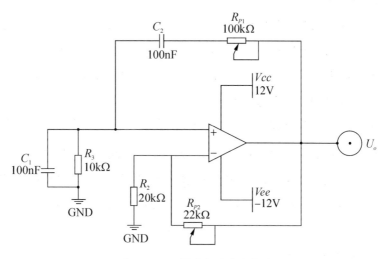

图 4.28　运算放大器放大电路

2. 调节频率

调节电位器 R_{P2}，使电路产生正弦振荡，用示波器观察输出波形。

思考：

（1）若元件完好，接线正确，电源电压正常，而 $U_o = 0$，原因何在？应怎么办？

（2）虽有输出但出现明显失真，应如何解决？

3. 测量频率

用频率计测上述电路的输出频率，若无频率计可按图 4.29 接线，用李沙育图形法测定，测出 U_o 的频率 f_o，并与计算值比较。也可直接利用示波器来测量信号的频率。

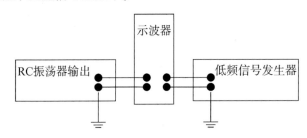

图 4.29　李沙育图形法连线图

4. 改变振荡频率

在实验箱上设法使文氏桥电阻 $R = 10\text{k}\Omega + 20\text{k}\Omega$，先将 R_P 调到 $30\text{k}\Omega$，然后在 R_3 与地端串入 1 个 $20\text{k}\Omega$ 电阻即可。调节 R_{P2}，使电路产生正弦振荡。用示波器观察输出波形，然后测出振荡频率。

注意：改变参数前，必须先关断实验箱电源开关，检查无误后再接通电源。在测 f_o 之前，应适当调节 R_{P2} 使 U_o 无明显失真后，再测频率 f_o。

5. 测定闭环电压放大倍数 A_{uF}

先测出图 4.28 电路的输出电压 U_o 值后，关断实验箱电源，保持 R_{P2} 不变，从图 4.28 中"A"点处断开接线，把低频信号发生器的输出电压（频率同上述实验的产生频率）接至"A"点，即运放同相输入端。调节信号发生器的输入 U_i 使 U_o 等于原值，测出此时的 U_i 值，则：

$$A_{uF} = U_o / U_i \qquad (4-61)$$

6. 测定幅频特性曲线

自拟详细步骤，测定 RC 串并联网络的幅频特性曲线。

4.10.6　实验报告

（1）电路中哪些参数与振荡频率有关？将振荡频率的实测值与理

论估算值比较, 分析产生误差的原因。

（2）总结改变负反馈深度对振荡器起振的幅值条件及输出波形的影响。

（3）完成实验内容。

（4）画出 RC 串并联网络的幅频特性曲线。

4.11　整流滤波与并联稳压电路

4.11.1　实验目的

（1）熟悉单相半波、全波整流电路。

（2）观察了解电容滤波作用。

（3）了解并联稳压电路。

4.11.2　实验仪器

（1）数字示波器。

（2）数字万用表。

4.11.3　实验原理

整流电路是利用二极管的单向导电性, 将平均值为零的交流电变换为平均值不为零的脉动直流电的电路。

1. 半波整流

如图 4.30 所示电路为带有纯阻负载的单相半波整流电路（其中, 二极管的型号为 1N4001）。当变压器次级电压为正时, 二极管正向导

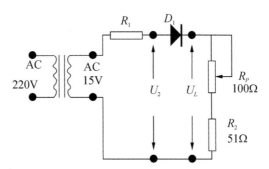

图 4.30　带有纯阻负载的单相半波整流电路

通，电流经过二极管流向负载，在负载上得到一个极性为上正下负的电压；而当次级电压为负时的半个周期，二极管反偏，电流基本上等于零。因此，在负载电阻两端得到的电压极性是单方向的。

2. 桥式整流

如图 4.31 所示电路为桥式整流电路。整流过程中，四个二极管两两轮流导通，因此正、负半周内都有电流流过 R_L，从而使输出电压的直流成分提高，脉动系数降低。在 U_2 的正半周内，D_2、D_3 导通，D_1、D_4 截止；在 U_2 的负半周内，D_1、D_4 导电，D_2、D_3 截止。但是无论在正半周或负半周，流过 R_L 的电流方向是一致的。

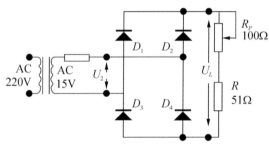

图 4.31　桥式整流电路

3. 电容滤波

在整流电路的输出端并联一个容量很大的电容器，就是电容滤波电路。加入滤波电容后，整流器的负载具有电容性质，电路的工作状态完全不同于纯电阻的情况。

在图 4.32 中，我们知道接通电源后，当 U_2 为正半周时，D_2D_3 导通，U_2 通过 D_2D_3 向电容器 C 充电；当 U_2 为负半周时，D_1D_4 导通 U_2 经 D_1D_4 向电容 C 充电，在充电过程中，电容两端电压 U_C 逐渐上升，使得 $U_C = \sqrt{2}\,U_2$。接入 R_L 后，电容 C 通过 R_L 放电，故电容两端的电压 U_C 缓慢下降，因此，电源 U_2 按正弦规律上升。当 $U_2 > U_C$ 时，二极管 D_2D_3 受正向电压而导通，此时，U_2 经 D_2D_3 一方面向 R_L 提供电流，另一方面向电容 C 充电，U_C 随 U_2 升高到 $\sqrt{2}\,U_2$。由于 U_2 按正弦规律下降，当 $U_2 < U_C$ 时，二极管又受反向电压而截止，电容 C 再次经 RC 放电，电容 C 如此周而复始地充放电，负载上便得一滤波后的锯齿波电压 U_C，使负载电压的波动减少了。波形图如图 4.33 所示。

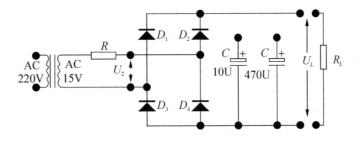

图 4.32 电容滤波电路

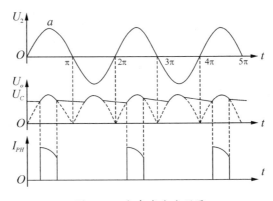

图 4.33 电容滤波波形图

4. 并联稳压电路

图 4.37 电路为并联稳压电路。稳压管作为一个二极管处于反向接法，R_L 作为限流电阻，用来调节当输入电压波动时使输出电压基本不变。

电路的稳压原理如下：

（1）假设稳压电路的输入电压 U_i 保持不变，当负载电阻 R_L 减少，I_L 增大时，由于电流在电阻 R 上的压降升高，输出电压 U_L 将下降。而稳压管并联在输出端，由其伏安特性可见，当稳压管两端电压略有下降，流经它上面的电流将急剧减少，亦即由 I_Z 的减少来补偿 I_L 的增加，最终使 I_R 保持基本不变，使输出电压随之上升。但此时稳压管的电流 I_Z 急剧增加，则电阻 R 上的压降增大，以此来抵消 U_i 的升高，从而使输出电压保持不变，上述过程简明表示为

$$R_L \downarrow \rightarrow I_L \uparrow \rightarrow I_R \uparrow \rightarrow U_o \downarrow \rightarrow I_Z \downarrow \rightarrow I_R \downarrow \rightarrow U_o \uparrow$$

（2）假设负载电阻保持不变，由于电网电压升高而使 U_i 升高时，输出电压 U_o 也将随之上升。但此时稳压管的电流 I_Z 急剧增加，则电阻 R 上的压降增大，以此来抵消 U_i 的升高，从而使输出电压保持不变，

上述过程简明表示为

$$U_i \uparrow \rightarrow U_o \uparrow \rightarrow I_Z \uparrow \rightarrow I_R \uparrow \rightarrow U_R \uparrow \rightarrow U_o \downarrow$$

4.11.4 实验内容

1. 半波整流、桥式整流电路

实验电路分别如图 4.34、图 4.35 所示。

分别接两种电路，用示波器观察 U_2 及 U_L 的波形，并测量 U_2、U_D、U_L。

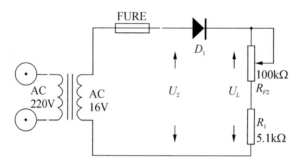

图 4.34 半波整流电路

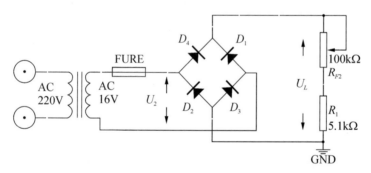

图 4.35 桥式整流电路

2. 电容滤波电路

实验电路如图 4.36 所示。

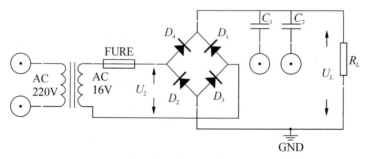

图 4.36 电容滤波电路

（1）分别用不同电容接入电路，R_L 先不接，用示波器观察波形，用电压表测 U_L 并记录。

（2）接上 R_L，先用 $R_L=1\text{k}\Omega$，重复上述实验并记录。

（3）将 R_L 改为 150Ω，重复上述实验。

3. 并联稳压电路

实验电路如图 4.37 所示。

（1）电源输入电压不变，负载变化时电路的稳压性能。

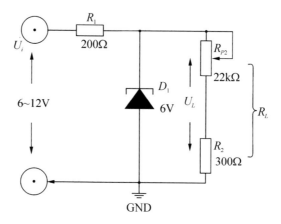

图 4.37　并联稳压电路

改变负载电阻 R_L，使负载电流 $I_L=1\text{mA}$、5mA、10mA，分别测量 U_L、U_R，并记录，由实验数据计算电路的输出电阻。

（2）负载不变，电源输入电压变化时电路的稳压性能。

用可调的直流电压变化模拟整流滤波电路的输出，并接至并联稳压电路的输入端，接入前将可调电源调到 10V，然后调到 8V、9V、11V、12V，按表 4-27 要求测量、记录，并由实验数据计算稳压系数。

表 4-27　负载电压记录表

U_i	U_L（V）
10V	
8V	
9V	
11V	
12V	

4.11.5　实验报告

（1）整理实验数据，并按实验内容计算。

（2）如图 4.30 所示电路能输出电流最大为多少？为获得更大电流应如何选用电路元器件及参数？

4.12　波形发生器

4.12.1　实验目的

（1）掌握波形发生器的电路特点和分析方法。

（2）熟悉波形发生器的电路设计方法。

4.12.2　实验仪器

（1）数字示波器。

（2）数字万用表。

4.12.3　预习要求

（1）分析图 4.38 电路的工作原理，定性画出 U_o 和 U_C 波形。

（2）若图 4.38 电路中 $R = 10 k\Omega$，计算 U_o 的频率。

（3）在图 4.39 电路中，如何使输出波形占空比变大？利用实验箱上所标的元器件画原理图。

（4）在图 4.40 电路中，如何改变输出频率？设计两种方案并画图表示。

（5）在图 4.41 电路中，如何连续改变振荡频率？画出电路图。（利用实验箱上的元器件）

4.12.4　实验原理

在自动化设备和系统中，经常需要进行性能的测试和信息的传送，这些都离不开一定的波形作为测试和传送的依据，在模拟系统中，常用的波形有正弦波、方波和锯齿波等。

当集成运放应用于上述不同类型的波形时，其工作状态并不相同。本实验研究的方波、三角波、锯齿波的电路，实质上是脉冲电路，它们大都工作在非线性区域。常用于脉冲和数字系统中作为信号源。

1. 方波发生电路

方波发生电路如图 4.38 所示。电路由集成运放与 R_1、R_2 及一个滞回比较器和一个充放电回路组成。稳压管和 R_3 的作用是钳位，将滞回比较器的输出电压限制在稳压管的稳定电压值内。

我们知道滞回比较器的输出只有两种可能的状态：高电平或低电平。滞回比较器的两种不同的输出电平使 RC 电路进行充电或放电，于是电容上的电压将升高或降低，而电容上的电压又作为滞回比较器的输入电压，控制其输出端状态发生跳变，从而使 RC 电路由充电过程变为放电过程或相反。如此循环往复，周而复始，最后在滞回比较器的输出端即可得到一个高低电平周期性交替的矩形波（方波）。该矩形波的周期可由下式求得：

$$T = 2RCL_n\left(1 + \frac{2R_1}{R_2}\right) \tag{4-62}$$

2. 三角波发生电路

三角波发生电路如图 4.40 所示。电路由集成运放 A_1 组成滞回比较器，A_2 组成积分电路，滞回比较器输出的矩形波加在积分电路的反相输入端，而积分电路输出的三角波又接到滞回比较器的同相输入端，控制滞回比较器输出端的状态发生跳变，从而在 A_2 的输出端得到周期性的三角波。调节 R_1、R_2 可使幅度达到规定值，而调节 R_4 可使振荡满足要求。该三角形的周期可由下式求得：

$$R = \frac{4R_1R_PC}{R_2} \tag{4-63}$$

3. 锯齿波发生电路

在示波器的扫描电路以及数字电压表等电路中常常使用锯齿波。图 4.41 为锯齿波发生电路，它在原三角波发生电路的基础上，用二极管 D_1、D_2 和电位器 R_P 代替原来的积分电阻，使积分电容的充电和放电回路分开，即成为锯齿波发生电路。其周期为

$$T = \frac{2R_1R_PC}{R_2} \tag{4-64}$$

4.12.5   实验内容

1. 方波发生电路

实验电路如图 4.38 所示，双向稳压管的稳压值一般为 5~6V。

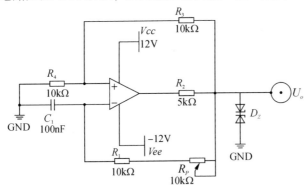

图 4.38   方波发生电路

（1）按图 4.38 接线，检查无误后接通电源。

（2）调整电位器 R_P，输出波形从无到有，用示波器观察 U_C、U_o 的波形及频率，并与预习比较。

（3）分别测出 $R = 10\text{k}\Omega$ 和 $R = 110\text{k}\Omega$ 时（$R = R_1 + R_P$）的频率、输出幅值，并与预习比较。

（4）要想获得更低的频率，应如何选择电路参数？试利用实验箱上给出的元器件进行条件实验，并观测之。

2. 占空比可调的矩形波发生电路

实验电路如图 4.39 所示。

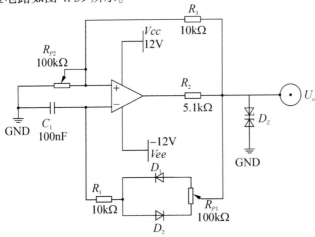

图 4.39   占空比可调的矩形波发生电路

（1）按图 4.39 接线，检查无误后接通电源。

（2）调整电位器 R_{P2}，使电路产生的波形从无到有，用示波器观察 U_C、U_O 的频率、幅度及占空比的变化情况。把 R_P 的滑动点调节到最上、最下位置，测出频率范围并记录。

（3）若要使占空比更大，应如何选择电路参数？并用实验验证。

3. 三角波发生电路

实验电路如图 4.40 所示。

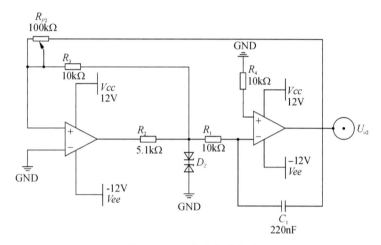

图 4.40　三角波发生电路

（1）按图 4.40 接线，检查无误后接通电源。

（2）分别观测 U_{o1} 及 U_{o2} 的波形并记录。

（3）如何改变输出波形的频率？按预习方案分别实验并记录。

4. 锯齿波发生电路

实验电路如图 4.41 所示。

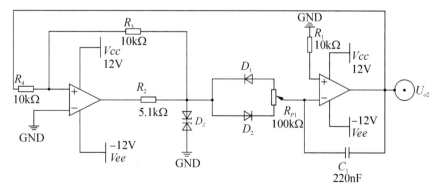

图 4.41　锯齿波发生电路

（1）按图 4.41 接线，检查无误后接通电源。

（2）观测 U_{o1} 及 U_{o2} 的波形和频率。

（3）按预习时的方案改变锯齿波频率，并测量变化范围。

4.12.6 实验报告

（1）画出各实验的波形图。

（2）画出各实验预习要求的设计方案、电路图，写出实验步骤及结果。

（3）总结波形发生电路的特点，并回答：

1）波形发生电路需要调零吗？

2）波形发生电路有没有输入端？

第五章 综合实验

通过上一章的学习，读者已经掌握了基本模拟电路的相关知识，对低频模拟电路的相关应用有了初步了解。在这个章节里，将应用所学，尝试设计实际的一些应用电路。在实际应用中，往往需要进行设计到测试的所有流程，而前面的实验更多的是测试，在这里，将更重视电路的设计过程，提升实际工程技能。

本章将通过一些经典的模拟电路的设计案例，引导大家对于实际问题的处理能力，同时应注意对于电路的调试方法以及手段。读者可以了解到更多的电路调试仪器与电路调试方法，同时也会为大家介绍更多的电路实现方法。最开始讲解电路的常见焊接方法，以及如何手工焊接模拟电路。随后引导读者尝试设计一些滤波器，在这个过程中会介绍如何使用 MATLAB 的工具箱辅助设计模拟滤波器。在随后的课程中将讲解如何设计一个振荡电路，以及 RLC 串联谐振电路。最后，需要读者参考设计方法自行设计一个基于 555 定时器的延时电路。本章的最后会为大家介绍模拟与数字混合电路的设计方法以及模数接口的基础知识。

综合设计的基本流程如下：分析需求、划分任务块、挑选并分析解决方案、设计电路、搭接电路、测试电路系统性能、修复问题与改进性能、发布设计。在分析需求阶段，需要阅读任务书，详细讨论具体的任务点，将应用场景语言转化为专业需求；在划分任务块阶段，需要根据资源，合理将一个项目拆分为多个子任务，便于分工开发，方便调试；在挑选并分析解决方案阶段，将对一个任务点进行具体分析，平衡资金、时间、人力等资源，选择能达到性能要求的最低开支方法；之后使用 EDA 软件进行电路设计与仿真；仿真通过后可以开始搭接电路，一般情况下先搭建部分模块，测试完毕后组装测试，先搭建实验电路，验证通过后再设计实用电路；在设计、仿真、搭建、测试的过程中，电路可能会出现各种问题，同时具备提升性能的空间，此时应该合理平衡时

间安排与资源，尽可能迭代研发多个版本，使产品达到最优解。当所有
步骤完成后，即可发布设计，结束项目。

读者可以参考上述设计流程，尝试设计本章的一些任务电路。同时
每一个任务也有部分提示性设计，供读者参考。

5.1　电路的搭接方法

工欲善其事，必先利其器。在这一章之前，我们的电路搭建都是在
模拟电路实验箱上通过跳线进行连接的。但是实验箱可以实现的电路有
限。为了针对全新的功能进行电路设计，必须使用独立器件进行开发。
在第一章的模拟电路基础知识部分，以及模拟电路实验方法部分，已经
为大家介绍了使用实验板与万用板搭接电路的概念。在这里将详细介绍
如何使用这两种工具进行电路搭接。

5.1.1　实验板

实验板，由于其外形的原因通常也被叫作"面包板"，是实验室中
用于搭接电路的重要工具，适用于诸多低频电路与数字电路的设计与验
证环节。正确使用实验板可以显著提高实验效率，减少实验故障。下面
就实验板的结构和使用方法做简单介绍。

1. 实验板的外观

实验板的外观如图 5.1 所示，常见的最小单元实验板分上、中、下
三部分，上面和下面部分一般是由一行或两行的插孔构成的窄条，中间

图 5.1　实验板的外观

部分是由中间一条隔离凹槽和上下数行的插孔构成的宽条。中间的隔离凹槽的宽度兼容 DIP 直插封装，对于常见的 DIP 封装的芯片，可以直接跨接插入实验板使用。

2. 实验板的使用方法

实验板的中间部分，也就是图 5.1 中的宽条，内部电气连接方式如图 5.2 所示。在同一列中的 5 个插孔是互相连通的，列和列之间以及凹槽上下部分则是不连通的。实验板的这种结构可以避免过多的跳线。比如当我们需要将一个通孔的发光二极管的 P 极接到一个 74LS00 芯片的 3 脚上，同时还需要将一个蜂鸣器的"+"极也接在该 74LS00 芯片的 3 脚上，那么只需要将这三个引脚同时插在同一侧的同一列纵向的孔内，就可以实现它们的电气连接，而无需额外跳线。

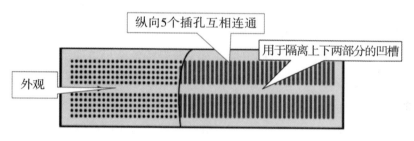

图 5.2　实验板宽条的外观及结构图

在实验板两侧的窄条部分，上下两行之间电气不连通，而横向之间连通，如图 5.3 所示。一般使用窄条部分作为电源，一行接 Vcc 而另一行接地，方便电路取电。对于一些比较长的实验板，可能会在窄条部分中间断开，这种设计可以方便多电源的复杂电路设计，但是使用时需注意连接问题。

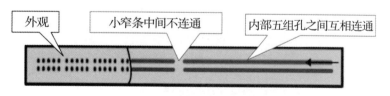

图 5.3　实验板窄条的外观及结构图

当需要将不同列之间连接时，可以使用杜邦线进行连接，即我们所谓的"跳线"方法。杜邦线可用于实验板的引脚扩展，增加实验项目等。杜邦线可以非常牢靠地和插针连接，无需焊接，可以快速进行电路实验。实验板使用的杜邦线为双母头杜邦线（图5.4）。

图 5.4　杜邦线以及使用杜邦线和实验板搭建的电路

5.1.2　万用板

在一些小型的电路以及初期的电路设计中，使用实验板无疑是一种非常方便且高效的实验方法。但是针对一些高频电路以及复杂电路，实验板的稳定性可能就无法达到需求，这个时候我们需要采用焊接的方法，保证电路的可靠性与稳定性。对于复杂的电路可以使用 EDA 软件设计印制电路板（PCB），然后使用机焊或人工焊接的方法，实现量产或小批量测试。但是这种方法生产周期比较长，对于实验室的测试场景，通常采用手工在万用板上焊接电路的方式。在第一章已经介绍过，万用板是一种特殊的印制电路板。使用者可以将器件与跳线插接在万用板上，并使用焊锡连接。在 5.1.3 中将详细介绍万用板的焊接规范与焊接时应注意的问题。

图 5.5　万用板

万用板俗称"洞洞板"（图5.5），相比专业的 PCB 制版，万用板具有使用门槛低、成本低廉、使用方便、扩展灵活的优势，在敏捷项目中被广泛应用。

　　目前市场上出售的洞洞板主要有两种：一种焊盘各自独立（简称单孔板），使用时需要使用焊锡走线或跳线连接电路；另一种是多个焊盘连在一起（简称连孔板），类似于实验板的连接方式，布局时需要尽可能将待连接的引脚插在一起，方便连接。单孔板又分为单面板和双面板两种。单孔板较适合数字电路和单片机电路，连孔板则更适合模拟电路和分立电路（图5.6）。

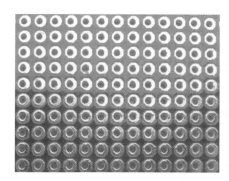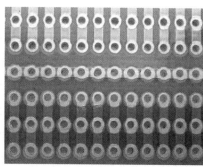

图 5.6　单孔板与连孔板

5.1.3　焊接方法

电路焊接

　　对于初学者，尤其应该注意元器件的正确焊接方法。与幼儿学写字一个道理，掌握了正确的焊接方法，才能省力省时地焊接出性能优秀的电路，如果在初期形成了错误的习惯，后期是很难更正的。焊接的质量对产品的质量影响极大，尤其是针对高频与射频电路，错误的焊接会直接影响产品性能甚至使产品报废。学习电子制作技术，必须掌握焊接技术，练好焊接基本功。

　　1. 焊接工具

　　如同写字一样，焊接时也会用到很多工具，这里一一列举（图5.7）。

　　（1）电烙铁。电烙铁是最常用的焊接工具，通常使用的 20W 内热式电烙铁就足够应对大多数的焊接任务。

　　新烙铁使用前，应用细砂纸将烙铁头打光亮，通电烧热，蘸上松香后用烙铁头刃面接触焊锡丝，使烙铁头上均匀地镀上一层锡，以便于焊接和防止烙铁头表面氧化。

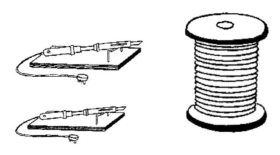

图 5.7　电烙铁与焊锡

旧的烙铁头如严重氧化而发黑，可用钢锉锉去表层氧化物，使其露出金属光泽后，重新镀锡，才能使用。

电烙铁要用 220V 交流电源，使用时要特别注意安全，尤其应避免加热后的烙铁头触碰电线导致绝缘层熔化。

----------------------------------▲注意事项----------------------------------

1）电烙铁插头最好使用三极插头，要使外壳妥善接地。

2）使用前，应认真检查电源插头、电源线有无损坏，并检查烙铁头是否松动。

3）电烙铁使用中，不能用力敲击，要防止跌落。烙铁头上焊锡过多时，可用布擦掉，不可乱甩，以防烫伤他人。

4）焊接过程中，烙铁不能到处乱放，不焊时，应放在烙铁架上。注意电源线不可搭在烙铁头上，以防烫坏绝缘层而发生事故。

5）使用结束后，应及时切断电源，拔下电源插头，冷却后，再将电烙铁收回工具箱。

（2）焊锡和助焊剂。焊接时，还需要焊锡和助焊剂。

1）焊锡。焊接电子元件，一般采用有松香芯的焊锡丝。这种焊锡丝熔点较低，而且内含松香助焊剂，使用极为方便。

2）助焊剂。常用的助焊剂是松香或松香水（将松香溶于酒精中）。使用助焊剂，可以帮助清除金属表面的氧化物，利于焊接，又可保护烙铁头。焊接较大元件或导线时，也可采用焊锡膏，但它有一定腐蚀性，焊接后应及时清除残留物。

（3）辅助工具。为了方便焊接操作，常采用尖嘴钳、斜口钳、镊子和小刀等作为辅助工具（图 5.8）。

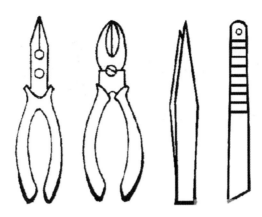

图 5.8　辅助工具

2. 焊前处理

焊接前，应对元件引脚或电路板的焊接部位进行焊前处理（图 5.9）。

（1）清除焊接部位的氧化层。

1）可用断锯条制成小刀，刮去金属引线表面的氧化层，使引脚露出金属光泽。

2）印刷电路板可用细砂纸将铜箔打光后，涂上一层松香酒精溶液。

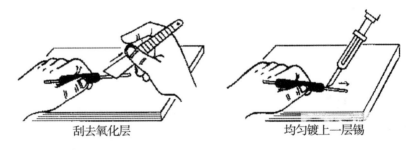

刮去氧化层　　　　　　　　　　均匀镀上一层锡

图 5.9　焊前处理

（2）元件镀锡。在刮净的引线上镀锡，可将引线蘸一下松香酒精溶液后，将带锡的热烙铁头压在引线上，并转动引线，即可使引线均匀地镀上一层很薄的锡层。导线焊接前，应将绝缘外皮剥去，再经过上面两项处理，才能正式焊接。若是多股金属丝的导线，打光后应先拧在一起，然后再镀锡。

3. 焊接技术

做好焊前处理之后，就可正式进行焊接。

（1）焊接方法（图 5.10）。

1）右手持电烙铁，左手用尖嘴钳或镊子夹持元件或导线。焊接前，电烙铁要充分预热，烙铁头刃面上要吃锡，即带上一定量焊锡。

2）将烙铁头刃面紧贴在焊点处，电烙铁与水平面大约呈 60° 角，以便于熔化的锡从烙铁头上流到焊点上。烙铁头在焊点处停留的时间控制在 2~3 秒钟。

3）抬开烙铁头，左手仍持元件不动，待焊点处的锡冷却凝固后，才可松开左手。

4）用镊子转动引线，确认不松动，然后可用偏口钳剪去多余的引线。

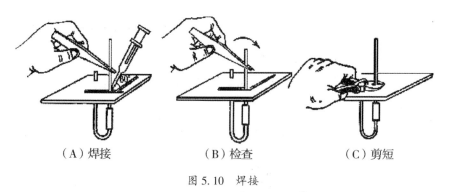

（A）焊接   （B）检查   （C）剪短

图 5.10   焊接

（2）焊接质量。焊接时，要保证每个焊点焊接牢固，接触良好，保证焊接质量（图 5.11）。

焊点应是锡点光亮，圆滑而无毛刺，锡量适中，锡和被焊物融合牢固，不应有虚焊和假焊。虚焊是焊点处只有少量锡焊住，造成接触不良，时通时断。假焊是指表面上好像焊住了，但实际上并没有焊上，有时用手一拔，引线就可以从焊点中拔出。这两种情况将给电子线路的调试和检修带来极大的困难，只有经过大量的、认真的焊接实践，才能避

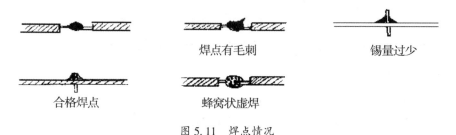

焊点有毛刺   锡量过少

合格焊点   蜂窝状虚焊

图 5.11   焊点情况

免这两种情况。

　　焊接电路板时，一定要控制好时间，时间太长，电路板将被烧焦，或造成铜箔脱落。从电路板上拆卸元件时，可将电烙铁头贴在焊点上，待焊点上的锡熔化后，将元件拔出。

5.1.4　思考与实践

　　（1）焊接元件和电路板时，器材较多。为了便于操作，避免发生事故，要把工具和元件放置在桌上的固定位置。你打算怎样放置电烙铁、工具和元器件？试一试，操作时是否比较方便？养成器材放置有序的好习惯。

　　（2）电烙铁使用时间较长时，烙铁头上会有黑色氧化物和残留的焊锡渣，将影响后面的焊接。想一想，怎样不断地清洁烙铁头，使它保持良好的工作状态？

　　（3）在网络上搜索更多的焊接教程，查阅关于贴片封装器件的焊接方法，了解波峰焊、回流焊等自动化流水线焊接方法等。

滤波器基础和设计

巴特沃斯、切比雪夫、椭圆和贝塞尔滤波器

5.2　模拟滤波器设计

　　对于一个信号，可以将该信号在频域上分解为不同频率与相位的单频波的叠加，例如人声一般就是 60Hz ~ 4kHz 的频率合成的。考虑一个现实场景，例如一个带宽为 4kHz 的话音信号，在放大该信号前，为了提升话音质量，需要先滤除由于传输线产生的高频噪音，或是在一段视音频中，需要去除一个演讲者讲话中的一段电话铃声（电话铃声是数个单一频率的叠加）。在这种需求下，可以通过一个带通滤波器或带阻滤波器将无用信号滤除而保留有用信号。我们称这个在信号通路中滤除无用信号而保留有用信号的设备为"滤波器"。最常见的滤波器是一阶RC 滤波器，常常应用于电源的前级滤除高频杂波的部分。

　　滤波器分为数字滤波器和模拟滤波器两种。数字滤波器通过 ADC（模数转换器）对带限信号进行采样，使用 DSP 对数据进行处理，之后通过 DAC（数模转换器）重新生成模拟信号。数字滤波器分为无限冲激响应滤波器（IIR）和有限冲激响应滤波器（FIR）两类。模拟滤波器对模拟或连续时间信号直接进行滤波。其按工作频率可分为集总常数和分布常数两类，按滤波器中是否有有源器件，也可分为无源和有源两类。常见的模拟滤波器设计种类有巴特沃斯滤波器（Butterworth Filter）、切比雪夫滤波器（Chebyshev Filter）、椭圆滤波器等。

在本课程中，需要大家自行设计一个符合参数的模拟滤波器，并在实验板上搭建电路，使用仪器进行实验，测量相关参数。

本课程的部分理论推理需要信号与系统的相关知识，如果没有接触过信号与系统的相关知识可以暂时跳过理论推导部分。

5.2.1　电路分析基础知识

由电路分析知，电阻、电容的 VCR 关系为

$$U(t) = I(t) \cdot R \tag{5-1}$$

$$C \cdot \frac{\mathrm{d}U(t)}{\mathrm{d}t} = I(t) \tag{5-2}$$

拉普拉斯变换后，电阻与电容的 S 域 VCR 关系为

$$U(s) = I(s) \cdot R \tag{5-3}$$

$$S \cdot C \cdot U(s) = I(s) \tag{5-4}$$

阻抗与容抗为

$$Z_R = R \tag{5-5}$$

$$Z_C = \frac{1}{SC} \tag{5-6}$$

当信号为纯单频交流量时，存在关系

$$S = j\omega \tag{5-7}$$

阻抗与容抗为

$$Z_R = R \tag{5-8}$$

$$Z_C = \frac{1}{j\omega C} = -j \cdot \frac{1}{\omega C} \tag{5-9}$$

其中 j 为虚数单位。

显然，在输入单频正弦波且电路进入稳定状态的情况下，电阻的电压与电流同相位，电容的电压滞后电流 $1/2\pi$ 相位。

5.2.2　RC 低通滤波器

现在从理论上推导一阶 RC 低通滤波器的传递函数。

对于一个 RC 低通网络，如图 5.12 所示。

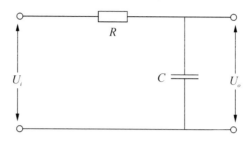

图 5.12　RC 低通网络的电路图

由 VCR 关系，根据 KVL 列写方程：

$$U_i(t) = I(t) \cdot R + U_o(t) \tag{5-10}$$

$$\frac{\mathrm{d}U_o(t)}{\mathrm{d}t} = \frac{I(t)}{C} \tag{5-11}$$

转换到 S 域：

$$U_i(s) = I(s) \cdot R + U_o(s) \tag{5-12}$$

$$SU_o(s) = \frac{I(s)}{C} \tag{5-13}$$

联立得到输入与输出的关系式：

$$U_i(s) = R(S \cdot C \cdot U_o(s)) + U_o(s) \tag{5-14}$$

$$U_o(s) = \frac{1}{1+sRC}U_i(s) \tag{5-15}$$

在纯正弦波稳定情况下，有

$$U_o(j\omega) = \frac{1}{1+j\omega RC}U_i(j\omega) \tag{5-16}$$

传递函数为

$$H(\omega) = \frac{1}{1+j\omega RC} = \frac{-1+j\omega RC}{1+(\omega RC)^2} \tag{5-17}$$

一般模拟电路中不考虑相频特性，该传递函数的幅频特性为

$$|H(\omega)|^2 = \left[1-(\omega RC)^2\right]\left[\frac{1}{1+(\omega RC)^2}\right]^2 \tag{5-18}$$

令 $RC=1$，一阶 RC 滤波器的幅频特性曲线如图 5.13 所示。

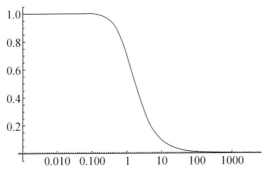

图 5.13   一阶 RC 滤波器的幅频特性曲线

由于该传递函数为一个一阶惯性单元，会对高频信号产生相移，其群延迟并不是常数，因此一般不能直接用到数字信号的滤波器设计上，否则会导致码间串扰。

对于 n 阶 RC 网络的传递函数的推导，也可以用同样方法进行。在设计 RC/RL/RLC 滤波器时，可以通过给定的参数确定通带阻带位置，确定传递函数零极点位置，进而写出传递函数，经过因式分解变换确定电路与器件参数。但是由于高阶滤波器的计算较为复杂，且该方法一般只能用于滤波器的性能计算，而不能满足工程上通过额定参数设计滤波器的需求，因此设计中往往采用查表方式确定参数。

5.2.3   巴特沃斯滤波器

巴特沃斯滤波器最先由英国工程师斯蒂芬·巴特沃斯（Stephen Butterworth）在 1930 年发表于英国《无线电工程》期刊的一篇论文中提出。这是由众多实际电路设计中总结出来的一种滤波器，巴特沃斯滤波器的最大特点是无论有多少阶（多少层级联），其幅频特性曲线形状均一致，只是下降陡峭性不一样。这使得使用巴特沃斯滤波器进行设计时无需考虑过多因素即可计算出参数，所以巴特沃斯滤波器也是应用最广泛的滤波器之一。

巴特沃斯滤波器在阶数确定时具有特定的参数特征（图 5.14）。一阶巴特沃斯滤波器的衰减率为每倍频 6dB、每十倍频 20dB。二阶巴特沃斯滤波器的衰减率为每倍频 12dB，三阶巴特沃斯滤波器的衰减率为每倍频 18dB，以此类推。巴特沃斯滤波器的振幅对角频率单调下降，并且也是唯一的无论阶数、振幅对角频率曲线都保持同样的形状的滤波器。只不过滤波器阶数越高，在阻频带振幅衰减速度越快。其他滤波器高阶的振幅对角频率图和低阶数的振幅对角频率图有不同的形状。

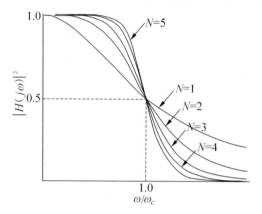

图 5.14 巴特沃斯滤波器幅频特性曲线

巴特沃斯低通滤波器可用振幅的平方对频率的公式表示其传递：

$$|H(\omega)|^2 = \cfrac{1}{1+(\cfrac{\omega}{\omega_C})^{2n}} \qquad (5-19)$$

其中，n 为滤波器的阶数，ω_C 为滤波器的截止频率。在巴特沃斯滤波器的设计中，经常由人确定电路并使用软件辅助计算出器件参数。

相较于 RC/RL 类滤波器网络，巴特沃斯滤波器常常使用有源器件（例如放大器）作为前后级隔离，避免后级电路影响滤波器性能，同时引入反馈环，所以一般情况下，巴特沃斯滤波器的性能要好于 RC 网络。

图 5.15 展示了常见的两类巴特沃斯滤波器的电路。

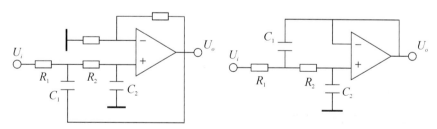

图 5.15 两种类型的巴特沃斯滤波器电路

5.2.4 切比雪夫滤波器

切比雪夫（Чебышёв）滤波器，又名"车比雪夫滤波器"，是在通带或阻带上频率响应幅度等波纹波动的滤波器。切比雪夫滤波器来自切比雪夫分布。该滤波器的传递函数为：

$$|H_n(\omega)|^2 = \frac{1}{1+\varepsilon^2 T_n^2 \dfrac{\omega}{\omega_0}} \qquad (5-20)$$

其中，ω_0 为期望截止频率，n 为滤波器阶数。

切比雪夫滤波器分为一型切比雪夫滤波器和二型切比雪夫滤波器，其中一型切比雪夫滤波器的波纹出现在通带（图 5.16）。

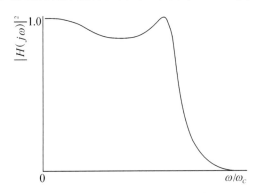

图 5.16   一型切比雪夫滤波器幅频特性曲线

二型切比雪夫滤波器的波纹出现在阻带（图 5.17）。

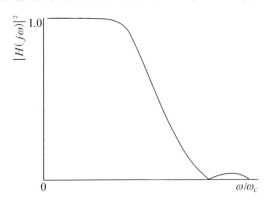

图 5.17   二型切比雪夫滤波器幅频特性曲线

切比雪夫滤波器的波纹特性来自其电路中的 LC 谐振回路。

5.2.5 椭圆滤波器

椭圆滤波器（Elliptic Filter），又称考尔滤波器，是在通带和阻带等波纹的一种滤波器，其"椭圆滤波器"的名称来源于雅可比椭圆函数。椭圆滤波器相比其他类型的滤波器，虽然存在波纹问题，但在阶数相同的条件下有着最小的通带和阻带波动，并且椭圆滤波器具有最为陡峭的过渡带，滤波特性非常好（图 5.18）。

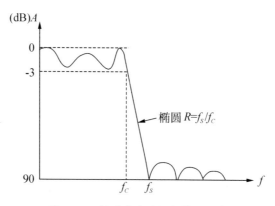

图 5.18　椭圆滤波器幅频特性曲线

椭圆滤波器传输函数是一种较复杂的逼近函数，利用传统的设计方法进行电路网络综合要进行烦琐的计算，还要根据计算结果进行查表，整个设计调整都十分烦琐。而用 MATLAB 设计椭圆滤波器可以大大简化设计过程，一般针对椭圆滤波器的设计都是使用软件辅助设计的。

5.2.6　实验内容

使用实验板，杜邦线，若干电阻、电容、电感，运算放大器，尝试设计模拟滤波器完成任务。可以自行设计指标完成实验内容，也可以参考以下要求进行设计：

1. 完成低通滤波器的设计

尝试设计一个低通滤波器，满足如下幅频特性（对相频特性无要求）：

（1）通带截止频率 4kHz。

（2）在 46kHz 时，衰减至少达到-40dB（幅度不超过 1/100）。

2. 设计带通/高通滤波器

尝试设计一个高通滤波器，满足如下幅频特性（对相频特性无要求）：

（1）通带截止频率 46kHz。

（2）在 4kHz 时，衰减至少达到-40dB（幅度不超过 1/100）。

3. 实现一个频分复用通信装置

尝试设计一个将 0~4kHz 处的频率搬移到中心频率为 50kHz 附近的电路。可以使用乘法器实现设计功能。

根据信号与系统知识，存在

$$f(t) \cdot g(t) \rightarrow \frac{1}{2\pi} F(\omega) \cdot G(\omega) \qquad (5-21)$$

即时域相乘等于频率的卷积。

使用一个乘法器，将 0~4kHz 的信号与 50kHz 的正弦波进行乘法运算，在时域上，相当于使用一个冲激函数与原频率做卷积，即将信号搬移到了 50kHz 附近。

使用加法器可以很方便地将两路信号相加，进而在一根传输线上进行传输。加法器可以使用运算放大器简单搭建，乘法器可以使用相关的乘法器器件。

最终，实现一个简单的频分复用单工通信模型，基本架构如图5.19 所示。

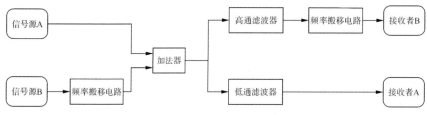

图 5.19 频分复用单工通信模型

两路 0~4kHz 的信号源通过加法器，可以使用不同的频带传输信息，在接收端解调。这就是一个最简单的频分复用通信电路。在最早的拨号上网方式中，ADSL（Asymmetric Digital Subscriber Line，非对称数字用户环路）中的话路通信与网络拨号连接，就是在电话线上划分不同的频道进行通信，从而实现在上网的同时不影响拨打电话的功能。

5.2.7 实验报告

根据完成的实验，撰写实验文档，记录设计思路、设计过程、实验结果、功能指标等数据。应注意排版美观，如实记录结果，分析并总结改进方法。

5.3 振荡电路

模拟电路中，有时需要生成一些固定或可调频率的周期信号，例如在信号发生器中，需要可以生成正弦波、方波、三角波等不同波形不同频率的信号发生装置。在数字电路中，往往需要一个时钟信号作为同步每个环节的依据，或用于计数。在通信中，需要一个极其精确的信号作为同步信号，用以同步收发机的时钟。几乎在所有场景下，基于信号发生器的设备都会出现。在本章中将介绍常见的信号发生器类型，并需要设计一个振荡电路，满足工作要求。

常见的振荡电路分为 LC 振荡电路、RC 振荡电路、晶体振荡电路等。LC 回路是其中最简单的振荡电路。在 LC 网络中，电感中的磁场储能与电容中的电场储能互相转换，形成振荡。由于寄生电阻的存在，能量会慢慢转化为内能散失，因此 LC 振荡器往往需要外部电源来维持振荡。

RC 振荡电路的具体实现是为一个电容充放电，当充电到电压大于一定值时开始放电，当电压小于一定值时又开始充电，从而形成振荡。

晶体振荡电路的原理相同于 LC 振荡电路，只不过使用晶振代替电感。由于晶振的极低振荡频率误差，晶体振荡电路的准确性可以非常高，因此在电子表、处理器的时钟等场合常使用晶振电路作为系统时钟。高性能的晶体振荡器的误差可以低于百万分之一。

5.3.1　LC 振荡器及常用电路

从电荷角度解释LC振荡原理

LC 振荡电路，也称为谐振电路或调谐电路，包含一个电感和一个电容，二者连接在一起。LC 振荡器可以分为串联谐振 LC 电路与并联谐振 LC 电路（图 5.20）。在一个回路中，串联 LC 在谐振时电阻达到最小，谐振电压达到最大。在并联谐振回路达到谐振时，LC 在电路中的电阻达到最大，LC 回路间的电流达到最大。

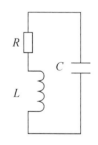

图 5.20　并联 LC 谐振电路

当电容器放电时，因自感的存在，电路中的电流将逐渐增大到最大值，两极板上的电荷也相应地逐渐减小到零。在此过程中，电流在自感线圈中激起磁场，到放电结束时，电容器两极板间的电场能量全部转化成线圈中的磁场能量。在电容器放电完毕时，电路中的电流达到最大值。这时，就要对电容器反方向充电。由于线圈的自感作用，随着电流逐渐减弱到零，电容器两极板上的电荷又相应地逐渐增加到最大值。同时，磁场能量又全部转化成电场能量。之后，电容器又通过线圈放电，电路中的电流逐渐增大，不过这时电流的方向与前放电时相反，电场能量又转化成磁场能量。此后，电容器又被充电，恢复到原状态，完成了一个完全的振荡过程。

由上述可知，在 LC 振荡电路中，电荷和电流都随时间做周期性变化，相应地电容器中的电场强度和线圈中的磁感应强度以及电场能量和磁场能量也都随时间做周期性变化，而且不断地相互转化着。如果电路中没有任何能量损耗，如电阻的焦耳热、电磁辐射等，那么这种变化将在电路中一直持续下去。这种电磁振荡称为无阻尼自由振荡。

下面开始定量分析无阻尼自由振荡。设在某一时刻，电容器极板上的电荷量为 q，电路中的电流为 i，并取 LC 回路的顺时针方向为电流的正方向。线圈两端的电势差应和电容器两极板之间的电势差相等，即

$$-L\frac{di}{dt} = \frac{q}{C} \tag{5-22}$$

由

$$i = \frac{dq}{dt} \tag{5-23}$$

得

$$\frac{d^2q}{dt^2} = -\frac{1}{LC}q \tag{5-24}$$

令

$$\omega^2 = \frac{1}{LC} \tag{5-25}$$

有

$$\frac{d^2q}{dt^2} = -\omega^2 q \tag{5-26}$$

显然，该方程的解为一正弦函数，电路中产生无衰减振荡。其中振荡频率与周期为

$$f = \frac{\omega}{2\pi} = \frac{1}{2\pi\sqrt{LC}}, \quad T = 2\pi\sqrt{LC} \tag{5-27}$$

对于串联 LC 谐振回路，可以使用相同的方法进行分析。

5.3.2　RC 振荡器及常用电路

使用电阻和电容元件的振荡器可以获得良好的频率稳定性和波形，这种振荡器称为 RC 振荡器或者相移振荡器。RC 振荡器是一种正弦振

荡器，用于在线性电子元件的帮助下产生正弦波作为输出。RC 振荡器通常包括一个反馈网络和一个放大器。一般来讲，RC 振荡器往往应用于频率比较低的场合。常用的 RC 振荡电路有两种，一是 RC 相移振荡电路，二是 RC 桥式振荡电路（图 5.21）。

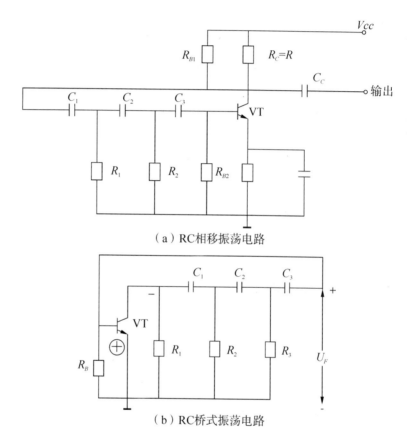

（a）RC相移振荡电路

（b）RC桥式振荡电路

图 5.21　常用的 RC 振荡电路

图 5.21（a）是 RC 相移振荡电路，电路中的三节 RC 网络同时起到选频和正反馈的作用。因为是单级共发射极放大电路，晶体管 VT 的输出电压与输入电压在相位上相差 $180°$。

当输出电压经过 RC 网络后，变成反馈电压 U_F 又送到输入端时，由于 RC 网络只对某个特定频率 f_0 的电压产生 $180°$ 的相移，所以只有频率为 f_0 的信号电压才是正反馈而使电路起振。

可见 RC 网络既是选频网络，又是正反馈电路的一部分。RC 相移振荡电路的特点是：电路简单、经济，但稳定性不高，而且调节不方便。一般都用作固定频率振荡器和要求不太高的场合。频率一般为几十千赫。

图 5.21（b）是一种常见的 RC 桥式振荡电路。图中左侧的 $R_1 C_1$ 和 $R_2 C_2$ 串并联电路就是它的选频网络。这个选频网络又是正反馈电路的一部分，这个选频网络对某个特定频率为 f_0 的信号电压没有相移（相移为 0°），其他频率的电压都有大小不等的相移。由于放大器有两级，从 U_2 输出端取出的反馈电压 U_F 是和放大器输入电压同相的。因此，反馈电压经选频网络送回到 VT 的输入端时，只有某个特定频率为 f_0 的电压才能满足相位平衡条件而起振。可见 RC 串并联电路同时起到了选频和正反馈的作用。

实际上，为了提高振荡器的工作质量，电路中还加有由 R_t 和 R_{E1} 组成的串联电压负反馈电路。其中 R_t 是一个有负温度系数的热敏电阻，它对电路起到稳定振荡幅度和减小非线性失真的作用。

RC 桥式振荡电路的性能比 RC 相移振荡电路好，它的稳定性高、非线性失真小，频率调节方便。它的频率范围可以从 1Hz 到数百千赫。

5.3.3 晶体振荡器及常用电路

晶体振荡器是一种电子振荡器电路，用于压电材料振动晶体的机械共振。它将创建给定频率的电信号，该频率通常用于提供稳定的时钟信号，例如数字集成电路用于手表中以提供稳定的时钟信号，还用于稳定无线电发射器和接收器的频率。石英晶体主要用于射频振荡器。石英晶体是最常见的压电谐振器类型，在振荡器电路中我们使用它们，因此它被称为晶体振荡器。

晶振的工作原理

称其为晶体振荡器的原因是其使用了晶振（图 5.22）。晶振的内部包含由两片金属夹着的一块石英晶体，由于石英具有压电特性，当在晶体表面上施加机械压力时，与机械压力呈比例的电压出现在晶体上。该电压会导致晶体失真。失真的量将与施加的电压呈比例，并且与

图 5.22　晶振器件

施加到晶体上的交流电压呈正比，从而导致晶体以其固有频率振动。机械能与电能之间的换能类似于电感上的电磁能转换，所以晶体振荡器也可以像 LC 振荡电路一样形成振荡。

通常，石英晶体振荡器是高度稳定的，由良好的品质因数 Q 组成，它们的尺寸小且与经济相关。因此，与其他谐振器如 LC 振荡电路相比，石英晶体振荡器电路更为优越。等效电路还描述了晶体的晶体作用，图 5.23 是晶振的等效电路图。电路中使用的基本组件，电感 L 为动态电感，反映了振动体的质量；电容 C_S 为动态电容，反映了振动体的弹性；电阻 R 为动态电阻，反

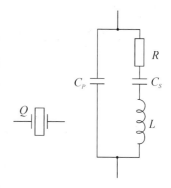

图 5.23　晶振的等效电路

映了振动体的损耗；电容 C_P 为静态电容，代表晶体的内部结构摩擦。石英晶体振荡器电路包括串联和并联谐振，即两个谐振频率。晶振电路往往被应用于对频率精度要求高的场合。

5.3.4　实验内容

使用实验板，杜邦线，若干电阻、电容、电感、三极管、运算放大器等，实现一个自激 LC 振荡电路。可以自行设计电路，也可以参考下面的要求进行设计。

图 5.24 展示了一个电容三点式振荡电路的设计范例。

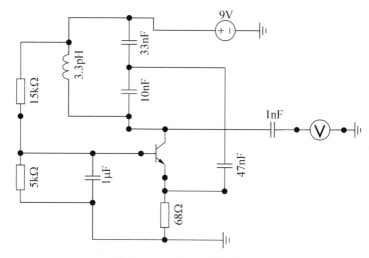

图 5.24　电容三点式振荡电路

5.3.5　实验报告

根据完成的实验，撰写实验文档，记录设计思路、设计过程、实验结果、功能指标等数据。应注意排版美观，如实记录结果，分析并总结

改进方法。

分析参考电路的原理，阐述每个器件的作用。

5.4　RLC 串联谐振电路

在上一节中，讲述了多种振荡电路的基本原理，在本节中，将重点讲述 RLC 串联谐振电路的特性与设计。串联谐振电路的应用很广泛，常见于各类电子变压器、升压器、信号发射器。

5.4.1　RLC 串联谐振原理

考虑如图 5.25 所示的 RLC 串联谐振电路。

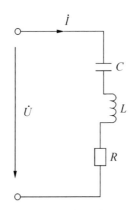

图 5.25　RLC 串联谐振电路

使用 KVL 列写稳态方程，有

$$\dot{I}(s)+\dot{I}(s)j\omega L+\frac{\dot{I}(s)}{j\omega C}=\dot{U}(s) \tag{5-28}$$

当 $\omega=1/\sqrt{LC}$ 时，电感项与电容项对消，电容与电感相当于短路，方程退化为

$$\dot{I}(s)R=\dot{U}(s) \tag{5-29}$$

此时，电感（或电容）上的电压达到最大，电压为

$$\dot{U}_X(s)=\dot{I}(s)X \tag{5-30}$$

将式（5-29）代入式（5-30）可以得到电抗器件的端电压为

$$U_X(s) = \frac{U(s)}{R}X \qquad (5\text{-}31)$$

显然，当串联的电阻越低的时候，电感（或电容）上的电压会越高。

由于这个特性，RLC 串联谐振电路在谐振频率处工作时，电感（或电容）两端的电压可能远大于电源电压，因此在设计包含串联谐振的电路时应该格外注意这个问题，在需要生成高电压的地方做好绝缘，防止高电压破坏或干扰其他器件。在不需要高电压的情况（比如由于其他感性或容性器件构成的串联谐振等效电路），应该设法避免出现高压。

定义谐振品质因数 Q 为

$$Q = \frac{X_L}{R} = \frac{X_C}{R} \qquad (5\text{-}32)$$

显然，

$$Q = \frac{U_L}{U} = \frac{U_C}{U} = \frac{\omega_0 L}{R} = \frac{1}{\omega_0 RC} \qquad (5\text{-}33)$$

可以发现，Q 值越大，则谐振电压越大。

为了得到更大的 Q 值，必须想办法增高电容与电感的值，同时要降低串联电阻阻值。可以证明，如果串联谐振电路的电阻为 0，那么将在电抗器件两端得到无限高的电压，同时系统的电阻趋近于 0。由于电感总是存在导线电阻，所以更高的电感一定会引入更大的电阻，所以在设计串联谐振电路的参数时，应该选择合理大小的电感，才能得到最好的效果。

根据上面的公式，可以求出串联谐振电路的谐振电流随谐振频率的变化（图 5.26）。

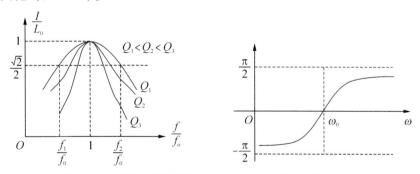

图 5.26　谐振电流随频率的变化以及电路的相频特性曲线

　　显然，当一个包含很多频率的信号激励 RLC 串联谐振电路时，RLC 串联谐振电路将会明显放大谐振频率附近的信号而滤除其他信号。依据这个特性，LC 电路可以应用于选频器件或滤波器。如果可以在使用时动态调整电感或电容的大小，那么就可以实现动态选频，配合放大器即可实现收音机的功能。

　　在实际的收音机中，往往采用可调电容的方式调整谐振频率。

5.4.2　电感与电容器件的特性

　　正弦交流电路中，电感的感抗 $X_L = \omega L$，空心电感线圈的电感在一定频率范围内可认为是线性电感，当其电阻值 R 较小，有 $R \ll X_L$ 时，可以忽略其电阻的影响。电容器的容抗为 $X_C = 1/\omega C$，由于电容器的器件特性，往往电容的寄生电阻非常小，可以直接忽略。

　　当电源频率变化时，感抗和容抗都是频率的函数，称之为频率特性或阻抗特性。典型的电感元件和电容元件的阻抗特性如图 5.27 所示。

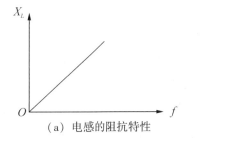
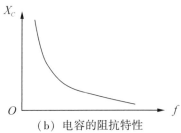

（a）电感的阻抗特性　　　　　　（b）电容的阻抗特性

图 5.27　典型元件的阻抗特性曲线

　　为了测量电感的感抗和电容的容抗，可以测量电感和电容两端的电压有效值及流过它们的电流有效值，通过公式可以很容易求出

$$X_L = \frac{U_L}{IL} \tag{5-34}$$

$$X_C = \frac{U_C}{IC} \tag{5-35}$$

　　当电源频率较高时，用普通的交流电流表测量电流会产生很大的误差，为此可以用电子毫伏表进行间接测量得出电流值。在电感和电容电路中串入一个阻值较准确的取样电阻 R_0，先用毫伏表测量取样电阻两端的电压值，再换算成电流值。如果取样电阻取为 1Ω，则毫伏表的读数即为电流的值，这样小的电阻对电路的影响是可以忽略的（图 5.28）。

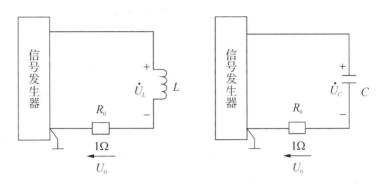

图 5.28 测量典型元件的电路图

5.4.3 实验要求

1. 设计 *RLC* 串联谐振电路，寻找谐振频率，验证谐振电路的特点

自行设计电路，焊接或在实验板上进行实验。

参考设计：按图 5.29 接线。R 取 50Ω，L 取 10mH，C 取 0.022μF（22nF）（谐振频率为 10kHz 左右），信号发生器的输出正弦电压保持在峰峰值 2.828Vpp，有效值 $1V_{rms}$（用示波器 CH1 通道的有效值测量监测）。用示波器 CH2 通道测量电阻 R 上的电压，因为 $U_R = RI$，当 R 一定时，U_R 与 I 呈正比，电路谐振时的电流 I 最大，电阻电压 U_R 也最大。细心调节输出电压的频率，使 U_R 为最大，电路即达到谐振（调节前可先计算谐振频率作为参考），测量电路中的电压 U_R，并读取谐振频率 f_0，记入表 5-1 中，同时记下元件参数 R、L、C 的标称值。

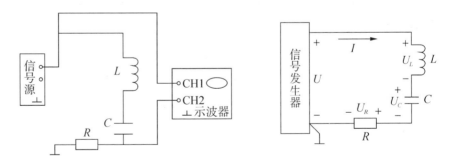

图 5.29 参考实验电路

注意：远程控制信号源时，输出电压设定值为峰峰值。因为其带载，输出不一定为设定值，因此，为保证每次输出都固定为某一数值，比如有效值 $1V_{rms}$（用示波器第一通道的有效值测量监测），必须适当提高信号源电压设定值的数值。

表 5-1　串联谐振实验数据表格

$R=$	$L=$	$C=$
$U_R=$	$I_0=U_R/R=$	$f_0=$
$Q=$		

2. 步进式地改变输入频率, 测量谐振特性曲线与频率的关系

实验线路同图 5.29, 使得信号发生器输出正弦电压保持在峰峰值 5.656Vpp, 对应有效值 $2V_{rms}$, 在谐振频率两侧调节输出电压的频率, 注意每次改变频率后均应重新调整输出电压至 $2V_{rms}$, 电路中 R 为 100Ω, 分别测量各频率点的 U_R 值, 记录于表 5-2 中, 在谐振点附近要多测几组数据。再将实验电路中的电阻 R 更换为 520Ω, 重复上述的测量过程, 记录于表 5-2 中。最后整理数据, 在坐标纸画上出谐振曲线。

表 5-2　谐振特性曲线记录表

$R=$	$L=$	$C=$	$Q=$
f (Hz)			
U_R			
I			
I/I_0			
f/f_0			

5.4.4　实验报告

根据完成的实验, 撰写实验文档, 记录设计思路、设计过程、实验结果、功能指标等数据。应注意排版美观, 如实记录结果, 分析并总结改进方法。

分析参考电路的原理, 阐述每个器件的作用。

查阅资料, 尝试自己设计一个丙类谐振放大器。该类型放大器往往用于高频功率放大, 例如用在 FM/AM 发射机中。

5.5　基于 555 定时器的振荡电路

基于555定时器
的报警器电路

在一些对精度要求不是非常高、频率不算太高的场景, 常使用基于

555 定时器的振荡电路。555 定时器,全称"通用单双极型定时器"(General-purpose Single Bipolar Timer)。555 定时器的一个芯片中包含一个用三极管做成的双极型定时器,芯片内包含三个高精度 5kΩ 电阻,在外接一个电阻和一个电容后,能够精确地实现延时功能。常见的应用场景有楼道延迟灯、救护车音频发生电路等。

5.5.1 555 定时器芯片原理介绍

该芯片外观及内部电路如图 5.30 和图 5.31 所示。

图 5.30 555 定时器芯片

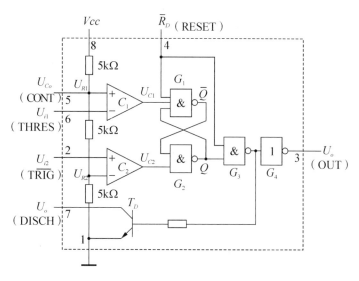

图 5.31 555 定时器芯片的内部电路图

从电路图中可以看出,555 定时器包含三个 5kΩ 电阻,可以把电源电压分成三等份。将两个参考电压分别命名为 U_H 与 U_L。如果第 5 脚 CONT 没有外接固定电压 U_{Co},则 $U_H = 2/3Vcc$,$U_L = 1/3Vcc$;否则 $U_H = U_{Co}$,$U_L = U_{Co}/2$。

555 定时器包含两个比较器，C_1 与 C_2。记 C_1 的输出电压为 U_{C1}，C_2 的输出电压为 U_{C2}。第 6 脚 THRES 接输入 IN_1，第 2 脚 TRIG 接输入 IN_2。比较器用于判断各自的输入电压与参考电压的大小。

比较器后边接 RS 触发器。其中第 4 脚 RESET 是触发器的复位，如果 RESET 接低电平，那么芯片的输出也是低电平。

RS 触发器可以理解为一个储存单元，通过多个与非门构成一个状态自锁电路，拥有两个输入，置位（Set）和复位（Reset），并具有两个输出 Q 与 $\overline{Q}$，其中 $\overline{Q}$ 为 Q 的取反。而 S 仅可用于在高电平时置高输出 Q，R 仅可用于在低电平时置低输出 Q。

"&" 用来表示与门，其输出端存在的小圆圈表示反向输出，即非门的行为。与非门包含多个三极管与电阻，在所有输入均为 Vcc 时输出 GND，否则输出 Vcc 电压。

RS 触发器后接放电三极管 Q，如果 Q 导通，相当于把第 7 脚 DISCH 接到 GND 上。触发器之后还有一个缓冲器 G，作用是提高电路的带负载能力，让 555 定时器的第 3 脚 OUT 能够输出较大的电流。

5.5.2　基于 555 定时器的多谐振荡器

多谐振荡器是一种自激振荡器。在接通电源以后，不需要外加触发信号，便能自动产生矩形脉冲。由于矩形波中含有丰富的高次谐波分量，所以习惯上将矩形波振荡器称为多谐振荡器（又称为非稳态模式）。

使用 555 定时器设计多谐振荡器时，可以考虑 555 定时器内部的运算放大器构成施密特触发器，然后考虑基于施密特触发器的多谐振荡器电路（图 5.32）。

首先，把 IN_1 与 IN_2 连接到一起，做出施密特触发器。

然后，仍然以电容的电压作为输入信号，并想办法把电容的电压维持在施密特触发器的两个阈值之间。把 555 定时器的输出连接到电容上，则输出高电平的时候为电容充电，输出低电平的时候让电容放电。实际应用中，为了减轻 555 定时器的负担，用 Vcc 为电容充电，通过放电三极管来使电容放电。当三极管通过电阻连接 Vcc 时，三极管的集电极的电平与 555 定时器的输出相等。

接下来分析电容电压与 555 定时器输出端的关系。设电容电压为

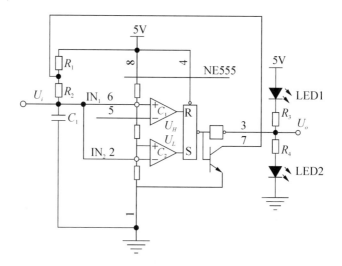

图 5.32　基于 555 定时器的多谐振荡器原理图

U_i，首先分析 U_i 从 0 开始逐渐升高的过程：

（1）$U_i < U_L < U_H$，$U_{C_1} = 0$，$U_{C_2} = 1$，$U_O = 1$，三极管截止，Vcc 通过 R_1 与 R_2 为电容充电，U_i 逐渐升高。

（2）$U_L < U_i < U_H$，$U_{C_1} = 0$，$U_{C_2} = 0$，U_O 不变，还是 1，电容继续充电，U_i 继续升高。

（3）$U_L < U_H < U_i$，$U_{C_1} = 1$，$U_{C_2} = 1$，$U_O = 0$，三极管导通，电容通过 R_2 与导通了的三极管放电，U_i 逐渐降低。

（4）$U_L < U_i < U_H$，$U_{C_1} = 0$，$U_{C_2} = 0$，U_O 不变，但这次是 0，电容继续放电，U_i 继续降低。

（5）$U_i < U_L < U_H$，$U_{C_1} = 0$，$U_{C_2} = 1$，$U_O = 1$，回到状态 1，循环往复。

通过以上分析可以看出，电容上的电压将在 U_H 与 U_L 之间反复振荡，555 定时器的输出在电容充电期间为高电平，在电容放电期间为低电平。

当电容充电时，电阻值为 $R_1 + R_2$。电容放电时，电阻值为 R_2，充放电时间与电阻的阻值呈正比。所以，此电路的占空比始终大于 50%。

为了实现占空比小于 50%，可以利用二极管的单向导电性，使充电路径不同于放电路径。图 5.33 为改进电路。

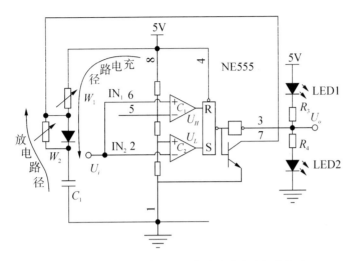

图 5.33　改进后的基于 555 定时器的多谐振荡电路

忽略二极管的电阻，则应用一阶 RC 电路分析可以算出充电时间与放电时间为

$$T_1 = W_1 \times C_1 \times \ln2 \qquad (5-36)$$

$$T_2 = W_2 \times C_1 \times \ln2 \qquad (5-37)$$

其中 W_1、W_2 为电路中可调电阻的大小。

输出脉冲的占空比为：

$$\eta = \frac{W_1}{W_1 + W_2} \qquad (5-38)$$

调整可变电阻 W_1 与 W_2 可以改变基于 555 定时器的多谐振荡器的输出频率与占空比（图 5.34）。

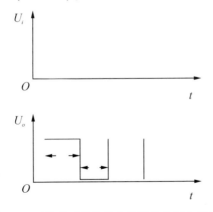

图 5.34　555 定时器的输出波形与电容电压波形

一般情况下，基于 555 定时器的多谐振荡器的工作频率可以从低于 1Hz 到几百千赫。

5.5.3　实验要求

使用实验板，杜邦线，若干电阻、电容、电感、三极管、运算放大器，一个 NE555，探究 555 定时器的实验原理。可以自行设计电路，也可以参考下面的要求进行设计。

1. 使用一个 NE555 与若干发光二极管设计一个转向灯

要求：（1）使用两个开关，当闭合开关时，开关对应的转向灯开始闪烁。

　　　（2）闪烁频率应合理，例如 1~0.5Hz。

参考思路：设计输出频率符合要求的方波，用该方波控制两个三极管，使灯亮起。

2. 使用两个 NE555 与一个小喇叭，设计一个救护车报警电路

要求：（1）响铃周期应合理，例如每 2 秒一个循环。

　　　（2）存在两个声音频率。

参考思路：可以级联两个 555 定时器，第一个 555 定时器控制第二个 555 定时器的输出频率。可以通过并联一个三极管与一个合适的电阻到第二个 555 定时器的电容充电电阻上，从而周期性地改变第二个 555 定时器的频率。

5.5.4　实验报告

根据完成的实验，撰写实验文挡，记录设计思路、设计过程、实验结果、功能指标等数据。应注意排版美观，如实记录结果，分析并总结改进方法。

第六章   在线实验平台

自百年前人类进入电气时代，就不断地有科学家与工程师在尝试并试验新的电子信息技术，直到今天，新的电子技术仍然层出不穷并为人类社会带来了各方面的效益。电子信息产业的发展离不开先进的实验技术，通过更先进的实验平台与仪器设备，开发者可以更有效地将想法转变为现实。对于学生来说，随着时代的进步，进行电子信息方面的学习变得越来越简单高效。

总的来说，电子信息的研发方法的发展可以分为三个阶段：第一阶段，个人或团队使用器件搭建电路，使用仪器仪表测量数据进行实验开发；第二阶段，个人或团队基于计算机，使用虚拟仪器（VI）与各类仿真软件联合采集卡、数模转换器进行实验开发；第三阶段，团队使用在线实验提供商的智慧实验室进行线上实验开发。

使用器件直接搭建电路仍然是目前的主流实验方式，该方法适用于从前沿新型电路开发到简单的教学实验，但是必须具备实验室与昂贵的仪器才能进行实验，这无疑提升了教学与开发的门槛。1986 年，美国国家仪器公司（NI）提出了虚拟仪器的概念，将传统的嵌入式仪器仪表的功能使用虚拟仪器实现，用户只需要较为便宜的采集卡与外部进行数据交换，仪器的分析功能全部使用程序实现，使得虚拟仪器具备了极佳的扩展性与灵活性。同时，基于计算机的虚拟仪器还能使用 SPICE 进行电路仿真，使得开发者可以无需承担开发失败的硬件损坏成本，并且极大地缩短了开发周期。

2019 年年底，新型冠状病毒感染疫情的暴发极大地影响了人们的生活，由于病毒的传染性，大家需要尽可能降低直接接触，诸多行业开始尝试在线工作的模式，这为在线实验室的开发带来了增长需求。在线实验室结合了虚拟仪器技术、数据采集技术，使用可编程逻辑器件实现程控的模拟与数字混合电路的自动化开发。短短几年，各类生物、化学、电子信息、计算机的在线实验室层出不穷，并且飞速发展。人们也注意到这类在线智能实验室具备开发成本低、配置选择灵活、功能丰富、集成度高、易于教学使用等多种优点，纷纷尝试将自己的需求接入线上智慧实验室。

本章将简要介绍虚拟仪器、在线实验平台的各方面信息，并基于"易星标"线上实验室，介绍如何使用在线智能实验室完成实验。

6.1　虚拟仪器（VI）

6.1.1　什么是虚拟仪器

虚拟仪器是美国国家仪器公司（National Instrument Corp，NI）在1986 年推出的概念，是现代计算机技术和仪器技术深层次结合的产物，是计算机辅助测试（Computer Assistant Test，CAT）领域的一项重要技术。它是在以计算机为核心的硬件平台上，根据用户对仪器的设计定义，用软件实现虚拟控制面板设计和测试功能的一种计算机仪器系统。

虚拟仪器的实质是利用计算机显示器的显示功能来模拟传统仪器的控制面板，以多种表达形式输出控制信号或检测结果；利用计算机强大的软件功能实现信号的运算、分析、处理；利用 I/O 接口设备完成信号的采集与调理，从而完成各种测试功能的计算机测试系统。

6.1.2　虚拟仪器与传统仪器的比较

1. 虚拟仪器的面板是虚拟的

虚拟仪器面板上的"开关""旋钮"等图标，外形与传统仪器的"开关""旋钮"等实物相像，实现的功能也相同，只是虚拟仪器上的控件通过计算机的鼠标和键盘来操作，实际功能通过相应的软件程序来实现。

2. 虚拟仪器的测量功能是通过软件编程来实现的

传统的仪器通过设计具体的电子电路来实现仪器的测量测试及分析功能，而虚拟仪器是在以计算机为核心组成的硬件平台支持下，通过软件编程来实现仪器功能的。这种硬件功能的软件化，是虚拟仪器的一大特征，也充分体现了测试技术与计算机深层次的结合。

3. 软件是虚拟仪器的核心

虚拟仪器的硬件确定后，它的功能主要是通过软件来实现的。

表 6-1　虚拟仪器与传统仪器对照表

项目	传统仪器	虚拟仪器
仪器功能	厂商定义仪器功能，功能单一，不能改变	用户自己定义仪器功能，并可灵活多变
系统关键	硬件	软件
系统升级	因为是硬件，所以升级成本较高，需上门服务	因为是软件，所以系统性能升级方便，下载升级程序即可
系统连接	系统封闭，与其他设备连接受限	开放的系统，可方便地与外设、网络及其他应用连接
价格	价格昂贵，仪器间一般无法相互利用	价格低，仪器间资源可重复配置和重复利用
技术更新周期	5~10 年	1~2 年
开发维护费用	开发维护费用高	开发维护费用降低

6.1.3　使用虚拟仪器/采集卡的优势

1. 性能高

虚拟仪器拥有先进的信号处理算法、人工智能技术和专家系统，智能化程度高、处理能力强。

2. 扩展性强

虚拟仪器用相同的基本硬件可构造多种不同的测试分析仪器，复用性高。

3. 开发时间少、无缝集成

通过网络实现分布式共享，测量结果直接进入数据系统。因此可操作性强、系统费用低。

4. 丰富和增强了传统仪器的功能

融合计算机强大的硬件资源，突破了传统仪器在数据显示、处理、存储等方面的限制，大大增强了传统仪器的功能。虚拟仪器将信号分析、显示、存储、打印等集中交给计算机处理，充分利用了计算机的数据处理、传输和发布能力，使得组建系统变得更加灵活、简单。

5. 开放的工业标准

虚拟仪器硬件和软件都制定了开放的工业标准。因此用户可以将仪器的设计、使用和管理统一到虚拟标准，使资源的可重复利用率提高，功能易于扩展，管理规范，生产、维护和修护费用降低。

6. 便于构成复杂的测试系统，经济性好

虚拟仪器可以作为独立仪器使用，也可以通过计算机网络构成分布式测试系统，进行远程测试、监控与故障诊断。此外，用基于软件体系结构的虚拟仪器代替硬件体系结构的传统仪器，可以大大节约仪器购买和维护费用。

6.2 线上实验平台

6.2.1 硬件设备

1. 智慧线上线下融合实验平台

智慧线上线下融合实验平台是以一套可编程的门阵列系统作为通用基础平台（BOX），以不同的模块（模块上配套不同的电路和器件）来

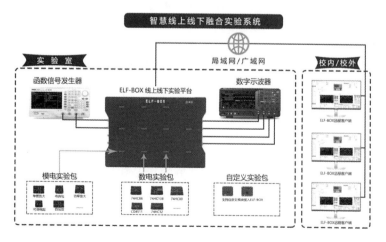

图 6.1 智慧线上线下融合实验平台硬件设备图

支撑对应的实验内容，再配套对应的通用上位机软件组成的整套系统。（图 6.1、图 6.2）

图 6.2 智慧线上线下融合实验平台的 BOX 平台设备

2. 实验模块

模电实验包、数电实验包、电路实验包等针对不同课程的实验包（每个实验包由多个实验模块构成），后续可根据课程需要进行实验模块定制。（图 6.3）

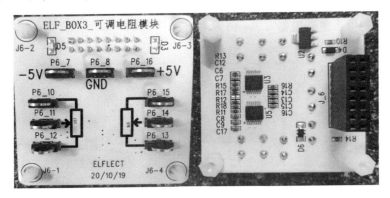

图 6.3 实验模块的正面图和背面图

6.2.2 软件平台

1. 远程实验电路搭建系统

在远程客户端调用本地真实的实验模块上真实的硬件器件，搭建真实的电路，完成在线的真实实验。（图 6.4）

2. 远程仪器仪表控制系统

在远程客户端控制本地真实的台式示波器、台式信号源等硬件设备，实现真实仪器测量。

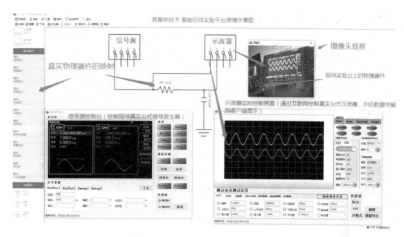

图 6.4 智慧线上线下融合实验平台的配套软件界面

6.2.3 "易星标"线上实验室

"易星标"线上实验室将智慧线上线下融合实验平台批量配置，组成综合实验室，可用来承接模电、数电、电路等课程的远程在线实验。(图 6.5)

图 6.5 智慧线上线下融合实验平台管理后台的预约派位系统

6.3 "易星标"线上实验室

6.3.1 安装与登录"易星标"客户端

安装 ELF-BOX。打开客户端软件，输入用户名、密码，选择"远

程模式"登录到系统。(图6.6)

ELF-BOX 登录　　　　　　　　　　　　　　　×

ELF-BOX客户端

用户名：

密　码：

模　式：远程模式

配　置：○学校　◉易星标

登录

注册单机用户　　　注册远程用户

深圳市易星标技术有限公司　　　　　　设置

图 6.6　登录界面

6.3.2　选择实验

系统提供预约功能，为方便展示未使用，直接点击"选择列表"选择空闲在线的 ELF-BOX 即可。(图6.7)

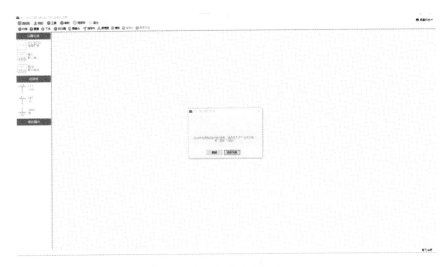

图 6.7　进入系统后的实验界面

亮黑色表示空闲状态，可连接；置灰表示已占用，不可连接。选中"演示专用"，点击"连接"。(图6.8)

图 6.8　空闲状态的实验选择

　　然后，点击右上角"选实验"，选择"单管放大电路"，监测点为"单管放大电路"，点击"确定"。监测点可由老师在后台自由配置。（图 6.9）

图 6.9　实验选择界面

6.3.3　选择器件并启动远程摄像头

（1）点击"扫描"可以将硬件平台上的模块扫描到客户端软件上。

（2）点击"找仪器"，用于寻找与 ELF-BOX 相关联的仪器。

（3）点击"摄像头"，用于查看实验现场情况。（图 6.10）

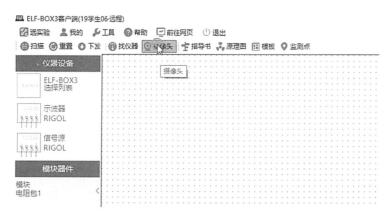

图 6.10　选择仪器、启动摄像头界面

6.3.4　搭建电路

点击左键选中扫描上的实验模块，拖拽到画布区域，开始实验连线。数字客户端可以在远程调节硬件阻值大小。在元器件的引脚处连接线路，自主搭建电路即可。系统会提供"短路"提醒，防止错误连线操作。选中器件时可以对其进行旋转操作，便于连线。（图 6.11）

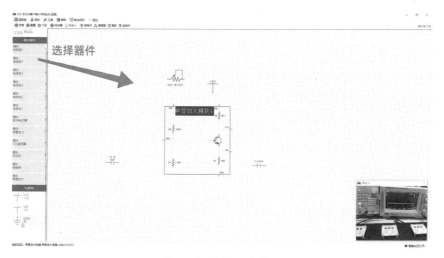

图 6.11　选择器件界面

连接好实验电路后，点击"下发"，客服端右上角"指令未下发"提醒会消失。然后"下发"时，软件连线会映射到硬件底层。调节信号源参数，双击能打开信号源操作界面，我们配置频率为 1000Hz、幅度为 0.2V 的正弦波，点击"下发"。然后将"OutPut1"按键点亮，则通道点亮，通道 1 即输出信号。（图 6.12）

我们双击示波器操作界面，即能观察输出信号。双击打开数字电位器，即能改变阻值大小，调节静态工作点，改变电位器阻值，可以观察到信号的截止失真。勾选示波器的测量项，点击"刷新测量结果"，就可以获取测量数据。需要注意的是，当我们手动调节数字电位器后，需要手动刷新示波器测量结果。

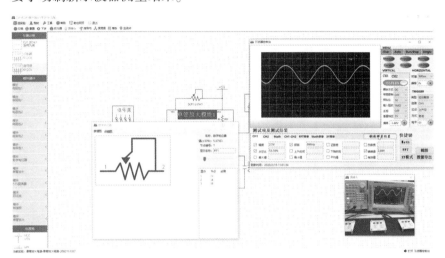

图 6.12　示波器输出界面

6.3.5　使用测量仪器

1. 信号源（RIGOLDG4000 系列）

（1）显示区（显示输出信号）。（图 6.13）

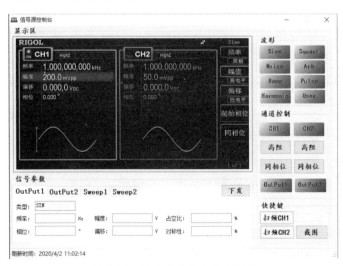

图 6.13　信号源上位机操作界面

（2）波形（选择输出信号类型）。

· Sine：正弦波。

· Square：方波。

· Noise：噪声。

· Pluse：脉冲。

· Ramp：锯齿波。

· Harmonic：谐波。

· Arb：直流。

· User：用户自定。

（3）通道控制（通道输出设置）。

· CH1：通道1。

· CH2：通道2。

· 输出阻抗：50Ω（负载）/高阻。

· 同相位：输出信号同相位。

· OutPut1：通道1输出。

· OutPut2：通道2输出。

（4）快捷键。

· 扫频CH1：同"Sweep1"。

· 扫频CH2：同"Sweep2"。

· 截图：将信号源的操作界面截图，可保存到本地电脑，后续插入实验报告。

（5）信号参数。

· OutPut1/OutPut2：设置输出信号参数，配置频率、相位、幅度、偏移、占空比等参数。

· Sweep1/Sweep2：设置通道1或通道2为扫频输出。

例1：调节信号源，使通道1输出一频率为1000Hz、幅度为200mV、相位为90°、偏移为100mV的正弦波。

操作步骤如下：

①选择信号输出通道"CH1"。

②选择输出信号类型"Sine"。

③调节输出信号参数。

④点击"下发"（每次改变参数设置后要点击一次"下发"，否则系统默认为上一次设定的参数）。

⑤输出信号"OutPut1"。（图6.14）

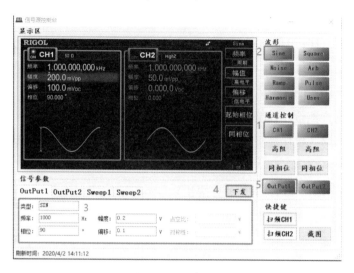

图 6.14　输出信号

2. 示波器（RIGOLDS2000系列）

（1）MENU。（图6.15）

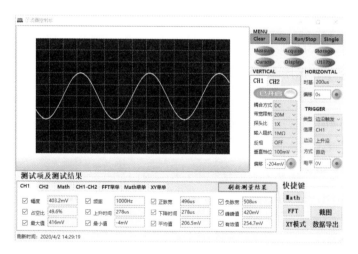

图 6.15　示波器上位机操作界面

· Clear：清除波形。

· Auto：自动触发。

· Stop/Run：暂停/运行。

·Single：单次触发。

（2）VERTICAL（垂直按钮）。

·耦合方式：DC/AC/GND 三种模式可选。

·带宽限制：OFF/20M/100M 三种模式可选。

·探头比：0.01×到 50000×可选。

·输入阻抗：1M 和 50M 两种方式可选。

·反相：OFF/ON。

·垂直挡位：1mV 到 10V 可选。

·偏移：鼠标箭头指向处，滑动鼠标滚轮上下调节垂直偏移，单击鼠标左键时归零。

（3）HORIZONTAL（垂直按钮）。

·时基：200ns 到 1ks 可选。

·偏移：鼠标箭头指向处，滑动鼠标滚轮可上下调节水平偏移。

（4）TRIGGER（触发按钮）。

·类型：边沿触发、脉宽触发、欠幅触发、斜率触发、视频触发、码型触发、建立保持、RS232、I2C、SPI 等。

·信源：CH1/CH2。

·边沿：上升沿、下降沿、任意沿。

·方式：自动、普通、单次。

·电平：鼠标箭头指向处，滑动鼠标滚轮可上下调节触发电平。

（5）快捷键。

·Math：数学运算，同"Math 菜单"。

·FFT：快速傅立叶变换，同"FFT 菜单"。

·XY 模式：显示李沙育图形，同"XY 菜单"。

·截图：将示波器的操作界面截图，可保存到本地电脑，后续插入实验报告。

·数据导出：将示波器的测量数据以表格的形式保存到本地电脑。

（6）测量项及测试结果。（图 6.16）

·CH1/CH2：获取通道 1/通道 2 的测量数据（勾选测量项，点击"刷新测量结果"）。

·Math 菜单及 Math：Math 菜单中提供加、减、乘、除及逻辑运算几种数学运算方式；Math 测量数学运算后的波形数据。

例 2：通道 1 的波形是峰峰值为 216mV、占空比为 50%、频率为 1000Hz 的正弦波；通道 2 的波形是峰峰值为 52.8mV、占空比为 51%、频率为 1000Hz 的正弦波，现运用数学功能计算两个通道相减后的测量项。

①点击"Math 菜单"。

②选择运算方式 A-B，打开运算开关。

③设置信源 A、B 通道分别为 CH1、CH2。

④调节垂直挡位。

⑤点击"Math"。

⑥勾选测量项，点击"刷新测量结果"。（每次波形发生改变都需重新点击一次"刷新测量结果"，否则系统默认为上一次测量的结果）

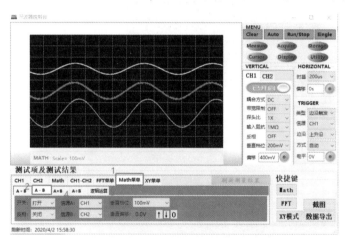

图 6.16 测试结果

（7）CH1-CH2。

延迟和相位：（图 6.17）

图 6.17 延迟和相位

（8）FFT 菜单。（图 6.18）

将时域信号转换成频域分量，此功能可实现在观测信号时域波形的同时观测信号的频谱图。

操作步骤如下：

①点击"FFT 菜单"。

②打开/关闭 FFT 模式。

③选择信源 CH1/CH2。

④选择窗函数，默认"Rectangle"。

⑤调节垂直挡。

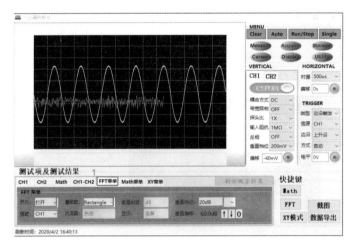

图 6.18　FFT 菜单界面

（9）XY 模式。（图 6.19）

XY 模式，通称李沙育图形。将两个信号分别输入到示波器的 CH1 和 CH2，以 CH1 信号电压为 X-Y 坐标轴的 X 正半轴数值，以 CH2 信号为 Y 正半轴数值，得到的（X，Y）坐标值为显示出来的点。当信号连续输入时，点也连续成为线和椭圆（圆）。

操作步骤如下：

①点击"XY 模式"。

②选择 X、Y 的数据来源 CH1/CH2/Math。

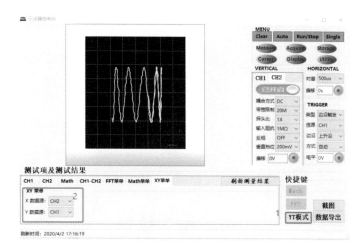

图 6.19　XY 模式界面

6.3.6　读取并提交测量数据

点击"监测点"，即可自动获取并且提交实验数据。监测点可由老师在后台自由配置。点击"读取测量值"，即可获取并自动提交实验数据，监测点可以由老师自动判断正误，判断范围由老师设置。（图 6.20）

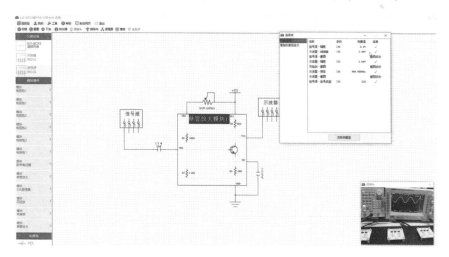

图 6.20　读取与提交界面

6.3.7　撰写并在线提交实验报告

点击左上方"前往网页"，即可在线填写实验报告。点击"我的实验"，就可以查看提交的实验数据和报告。点击"查看数据"，可以查看监测点自动获取提交的实验数据。然后再点击"预览"，就可以查看实验连线、信号源、示波器的截图数据。（图 6.21）

图 6.21　提交实验报告界面

返回"我的实验"界面，点击"填写报告"，在线编辑实验报告。可选择如"单管放大器"报告模板，报告模板可由老师在后台自定义录入。实验报告可以自由编辑文本，并且在实验数据中可插入信号源、示波器、实验连线的截图数据。（图 6.22）

图 6.22　实验报告模板选择

写完后点击"全部合成"，就可以将信号源、示波器、实验连线合成一张图片。点击"保存"后再点击"完成"，实验报告就将不可更改，此时报告状态将变成"已完成"。点击"提交报告"，报告即提交给老师批阅，此时报告状态为待批阅。待老师评分后，系统将记录实验成绩。（图 6.23）

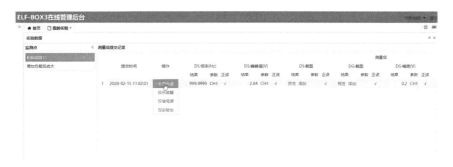

图 6.23 实验报告合成界面

6.3.8 线上预习

系统设定了预习检测模块、在线预习检测、内置题库管理、预习考试试卷管理、发布考试任务等多种功能。(图 6.24)

图 6.24 题库管理界面

在对预习考试试卷管理时,老师会设置选择题、判断题、填空题、简答题等多种题型,其中选择和判断题属于客观题,系统可自行判断对

图 6.25 预习考试试卷管理界面

错，辅助老师监督同学们更好地完成预习。(图 6.25)

老师可以发布考试任务，在指定时间向指定学生群体发送考试试卷，并且在试卷中可以选择同卷、同卷但顺序不同、不同卷等多种模式。

附　录

一、DIN（ISO）与 ANSI 规范的电路符号表

（1）无源元件

名　　称	图形符号
电阻器	
可调电阻器	
滑线式电阻器	
滑动触电电位器	
压敏电阻器	
热敏电阻器	
磁敏电阻器	
光敏电阻器	
电容器	

名　　称	图形符号
极性电容器	
可调电容器	
双连同轴可调电容	
差动可调电容	
电感器	
带芯电感器	
带芯连续可调电感器	
可调电感器	
两电极压电晶体	

（2）半导体管和电子管符号

名　称	图形符号
半导体二极管	
发光二极管	
变容二极管	
隧道二极管	
稳压二极管	
双向击穿二极管	
反向二极管	
双向二极管	
反向阻断二极晶闸管	
反向导通二极晶闸管	
双向二极晶闸管	
三极晶闸管	
PNP 型晶体三极管	
NPN 型晶体三极管	
NPN 型晶体三极管（集电极接管壳）	
NPN 型雪崩半导体管	

续表

名　称	图形符号
N 型沟道结型场效应管	
P 型沟道结型场效应管	
增强型、单栅、P 沟道和衬底无引出线的 绝缘栅场效应管	
增强型、单栅、N 沟道和衬底无引出线的 绝缘栅场效应管	
增强型、单栅、P 沟道和衬底有引出线的 绝缘栅场效应管	
增强型、单栅、N 沟道和衬底与源极在 内部连接的绝缘栅场效应管	
耗尽型、单栅、N 沟道和衬底无引出线的 绝缘栅场效应管	
耗尽型、单栅、P 沟道和衬底无引出线的 绝缘栅场效应管	
光电二极管	
光电池	
PNP 型光电三极管	
NPN 型光电三极管	

（3）其他元件

名　称	图形符号
发光数码管	
接地	
等电位	
电池	
电压表	V
电流表	A
功率表	W
检流计	
蜂鸣器	
运算放大器	

二、器件封装类型查询表

（1）轴状封装

名　称	描　述
Axial	轴状的封装
AGP（Accelerate Graphical Port）	加速图形接口
AMR（Audio/ MODEM Riser）	声音/调制解调器插卡

（2）阵列封装

名　称	描　述
BGA（Ball Grid Array）	球形触点阵列，表面贴装型封装之一。在印刷基板的背面按阵列方式制作出球形凸点用以代替引脚，在印刷基板的正面装配 LSI 芯片，然后用模压树脂或灌封方法进行密封，也称为凸点阵列载体（PAC）
BQFP（Quad flat package with bumper）	带缓冲垫的四侧引脚扁平封装，QFP 封装之一。在封装本体的四个角设置突（缓冲垫）以防止在运送过程中引脚发生弯曲变形

（3）陶瓷片式载体封装

名　称	描　述	
CDFP	ceramic	
Cerdip	用玻璃密封的陶瓷双列直插式封装，用于 ECLRAM，DSP（数字信号处理器）等电路。带有玻璃窗口的 Cerdip 用于紫外线擦除型 EPROM 以及内部带有 EPROM 的微机电路等	
CERAMIC CASE	表示陶瓷封装的记号	
CERQUAD （Ceramic Quad Flat Pack）	表面贴装型封装之一，即用下密封的陶瓷 QFP，用于封装 DSP 等的逻辑 LSI 电路。带有窗口 Cerquad 用于封装 EPROM 电路。散热性比塑料 QFP 好，在自然空冷条件下可容许 1.5~2W 的功率	
CFP127	圆柱栅格阵列，又称柱栅阵列封装	
CNR	CNR 继 AMR 之后作为 INTEL 的标准扩展接口	

名　称	描　述
CLCC	带引脚的陶瓷芯片载体，引脚从封装的四个侧面引出，呈丁字形。带有窗口的用于封装紫外线擦除型 EPROM 以及带有 EPROM 的微机电路等。此封装也称为 QFJ、QFJ-G
COB（Chip On Board）	板上芯片封装，是裸芯片贴装技术之一。半导体芯片交接贴装在印刷线路板上，芯片与基板的电气连接用引线缝合方法实现，芯片与基板的电气连接用引线缝合方法实现，并用树脂覆盖以确保可靠性
CPGA（Ceramic Pin Grid Array）	陶瓷针型栅格阵列封装
CPLD	复杂可编程逻辑器件的缩写，代表的是一种可编程逻辑器件，它可以在制造完成后由用户根据自己的需要定义其逻辑功能。CPLD 的特点是有一个规则的构件结构，该结构由宽输入逻辑单元组成，这种逻辑单元也叫宏单元，并且 CPLD 使用的是一个集中式逻辑互连方案
CQFP	陶瓷四边形扁平封装（Cerquad），由干压方法制造的一个陶瓷封装家族。两次干压矩形或正方形的陶瓷片（管底和基板）都是用丝绢网印花法印在焊接用的玻璃上再上釉的。玻璃然后被加热并且引线框被植入已经变软的玻璃底部，形成一个机械的附着装置。一旦半导体装置安装好并且接好引线，管底就安放到顶部装配，加热到玻璃的熔点并冷却

（4）陶瓷双列封装

名　称	描　述
DCA（Direct Chip Attach）	芯片直接贴装，也称之为板上芯片技术（Chip-On-Board，简称 COB），是采用黏合剂或自动带焊、丝焊、倒装焊等方法，将裸露的集成电路芯片直接贴装在电路板上的一项技术。倒装芯片是 COB 中的一种（其余二种为引线键合和载带自动键合），它将芯片有源区面对基板，通过芯片上呈现阵列排列的焊料凸点来实现芯片与衬底的互连
DICP（dual tape carrier package）	双侧引脚带载封装，TCP（带载封装）之一。引脚制作在绝缘带上并从封装两侧引出
Diodes	二极管式封装
DIP（Dual Inline Package）	双列直插式封装
DIP-4 ───── DIP-tab	飞利浦的 DQFN 封装为目前业界用于标准逻辑闸与八进制集成电路的最小封装方式，相当适合以电池为主要电源的便携式装置以及各种在空间上受到限制的装置

（5）塑料片式载体封装

名　称	描　述
EBGA 680L	增强球栅阵列封装
Edge Connectors	边接插件式封装
EISA（Extended Industry Standard Architecture）	扩展式工业标准构造

（6）陶瓷扁平封装

名　称	描　述
FC-PGA（Flip ChipPin-GridArray）	倒装芯片格栅阵列，也就是我们常说的翻转内核封装形式，平时我们所看到的 CPU 内核其实是硅芯片的底部，它是翻转后封装在电路基板上的
FC-PGA2	FC-PGA2 封装是在 FC-PGA 的基础之上加装了一个 HIS 顶盖（Integrated Heat Spreader，整合式散热片）。这样的好处是可以有效保护内核免受散热器挤压损坏和增强散热效果

名　称	描　述
FBGA（Fine Ball Grid Array）	基于球栅阵列封装技术的集成电路封装技术。它的引脚位于芯片底部，以球状触点的方式引出。由于芯片底部的空间较为宽大，理论上说可以在保证引脚间距较大的前提下容纳更多的引脚，可满足更密集的信号 I/O 需要

（7）陶瓷熔封扁平封装

名　称	描　述
HMFP-20	带散热片的小型扁平封装
HSIP-17	带散热片的单列直插式封装
HSIP-7	带散热片的单列直插式封装
HSOP-16	表示带散热器的 SOP

（8）陶瓷熔封双列封装

名　称	描　述
JLCC（J-Leaded Chip Carrier）	J 形引脚芯片载体。指带窗口 CLCC 和带窗口的陶瓷 QFJ 的别称

（9）金属菱形封装

名　称	描　述
LCC（Lead less Chip Carrier）	无引脚芯片载体。指陶瓷基板的四个侧面只有电极接触而无引脚的表面贴装型封装

名　称	描　述
LGA（Land Grid Array）	矩栅阵列（岸面栅格阵列）是一种没有焊球的重要封装形式，它可直接安装到印制线路板（PCB）上，比其他 BGA 封装在与基板或衬底的互连形式要方便得多，被广泛应用于微处理器和其他高端芯片封装上
LQFP（Low profile Quad Flat Package）	薄型 QFP。指封装本体厚度为 1.4mm 的 QFP，是日本电子机械工业会根据制定的新 QFP 外形规格所用的名称
LAMINATE CSP 112L	Chip Scale Package
LAMINATE TCSP 20L	Chip Scale Package
LAMINATE UCSP 32L	Chip Scale Package
LBGA-160L	低成本、小型化 BGA 封装方案。LBGA 封装由薄核层压衬底材料和薄印模罩构造而成。考虑到运送要求，封装的总高度为 1.2mm，球间距为 0.8mm

名　称	描　述
LLP（Lead less Lead frame Package）	无引线框架封装，是一种采用引线框架的 CSP 芯片封装，体积极为小巧，最适合高密度印刷电路板采用。而采用这类高密度印刷电路板的产品包括蜂窝式移动电话、寻呼机以及手持式个人数字助理等轻巧型电子设备。以下是 LLP 封装的优点：低热阻；较低的电寄生；使电路板空间可以获得充分利用；较低的封装高度；较轻巧的封装

（10）　金属封装

名　称	描　述
MBGA	迷你球栅阵列，是小型化封装技术的一部分，依靠横穿封装下面的焊料球阵列同时使封装与系统电路板连接并扣紧。对于有空间限制的便携式电子设备、小型装置和系统，SFF 封装是理想的选择。MBGA 封装高 1.5mm，目前最大体尺寸为单侧 23mm

名　称	描　述	
MCM（Multi-Chip Module）	多芯片组件。将多块半导体裸芯片组装在一块布线基板上的一种封装。根据基板材料可分为 MCM‐L，MCM‐C 和 MCM‐D 三大类	
MFP-10	小型扁平封装。塑料 SOP 或 SSOP 的别称	

（11）　塑料双列封装

名　称	描　述	
PCDIP	陶瓷双列直插式封装	
PDIP（Plastic Dual-In-Line Package）	塑料双列直插式封装	
PGA（Pin Grid Arrays）	阵列引脚封装。插装型封装之一，其底面的垂直引脚呈阵列状排列	
PLCC（Plastic Leaded Chip Carrier）	带引线的塑料芯片载体。表面贴装型封装之一。引脚从封装的四个侧面引出，呈丁字形，是塑料制品	

名　称	描　述	
QFP（Quad Flat Package）	四侧引脚扁平封装。表面贴装型封装之一，引脚从四个侧面引出，呈海鸥翼型。基材有陶瓷、金属和塑料三种	
PQFP	塑料四方扁平封装，与 QFP 方式基本相同。唯一的区别是 QFP 一般为正方形，而 PQFP 既可以是正方形，也可以是长方形	

（12）金属圆形封装

名　称	描　述	
TEPBGA	EBGA 与 PBGA 的联合设计封装	
TO-220IS		
TQFP（Thin Quad Flat Pack）	纤薄四方扁平封装	

三、常用模拟芯片汇编

(1) 模数转换器

序号	型 号	名 称
1	AD1380JD	16 位 20μs 高性能模数转换器（民用级）
2	AD1380KD	16 位 20μs 高性能模数转换器（民用级）
3	AD1671JQ	12 位 1.25MHz 采样速率带宽 2MHz 模数转换器（民用级）
4	AD1672AP	12 位 3MHz 采样速率带宽 20MHz 单电源模数转换器（工业级）
5	AD1674JN	12 位 100kHz 采样速率带宽 500kHz 模数转换器（民用级）
6	AD1674AD	12 位 100kHz 采样速率带宽 500kHz 模数转换器（工业级）
7	AD570JD/+	8 位 25μs 模数转换器（民用）DIP
8	AD574AJD	12 位 25μs 模数转换器（民用）DIP
9	AD574AKD	12 位 25μs 模数转换器（民用）DIP
10	AD578KN	12 位 3μs 模数转换器（民用）DIP
11	AD6640AST	12 位 65M SPS 模数转换器（工业级）LQFP
12	AD6644AST	14 位 65M SPS 模数转换器（工业级）LQFP
13	AD676JD	16 位 100k SPS 采样速率并行输出模数转换器（民用级）DIP
14	AD676JN	16 位 100k SPS 采样速率并行输出模数转换器（民用级）DIP
15	AD676KD	16 位 100k SPS 采样速率并行输出模数转换器（民用级）DIP
16	AD677AR	16 位 100k SPS 采样速率串行输出模数转换器（民用级）SOIC

序号	型　号	名　　称
17	AD677JD	16 位 100k SPS 采样速率串行输出模数转换器 （民用级）DIP
18	AD677JN	16 位 100k SPS 采样速率串行输出模数转换器 （民用级）DIP
19	AD678JD	12 位 200k SPS 采样速率并行输出模数转换器 （民用级）DIP
20	AD678KN	12 位 200k SPS 采样速率并行输出模数转换器 （民用级）DIP
21	AD679JN	14 位 128k SPS 采样速率并行输出模数转换器 （民用级）DIP
22	AD679KN	14 位 128k SPS 采样速率并行输出模数转换器 （民用级）DIP
23	AD7660AST	16 位 100k SPS CMOS 模数转换器（工业级）LQFP
24	AD7664AST	16 位 570k SPS CMOS 模数转换器（工业级）LQFP
25	AD7701AN	16 位模数转换器（工业级）DIPAD7703AN 20 位 模数转换器
26	DIPAD7703BN	20 位模数转换器（工业级）DIPAD7705BN 16 位 模数转换器
27	DIPAD7705BR	16 位模数转换器（工业级）SOICAD7706BN 16 位 模数转换器
28	DIPAD7707BR	16 位模数转换器（工业级）SOICAD7710AN 24 位 模数转换器
29	DIPAD7711AN	24 位模数转换器（工业级）DIPAD7712AN 24 位 模数转换器
30	DIPAD7713AN	24 位模数转换器 DIPAD7714AN-3 24 位模数 转换器 DIP 3V
31	电源 AD7714AN-5	24 位模数转换器 DIP 5V 电源 AD7715AN-5 16 位 模数转换器
32	DIP 5V 电源 AD7715AR-5	16 位模数转换器（工业级）SOIC 5V 电源
33	AD7731BN	24 位模数转换器（工业级）DIP

序号	型　号	名　　称
34	AD779JD	14 位 128k SPS 采样速率并行输出模数转换器（民用级）DIP
35	AD7820KN	8 位 500k SPS 采样速率模数转换器（民用级）
36	DIPAD7821KN	8 位 1M SPS 采样速率模数转换器（民用级）
37	DIPAD7822BN	8 位 2M SPS 采样速率模数转换器（工业级）
38	DIPAD7824BQ	8 位四通道高速模数转换器（民用级）
39	DIPAD7824KN	8 位四通道高速模数转换器（工业级）
40	DIPAD7856AN	14 位 8 通道 285k SPS 采样速率模数转换器（工业级）
41	DIPAD7862AN-10	12 位 4 通道同时采样 250k SPS 速率模数转换器带 2SHA and 2ADCs（工业级）
42	DIPAD7864AS-1	12 位 4 通道同时采样 147k SPS 速率模数转换器（工业级）
43	PQFPAD7865AS-1	14 位 4 通道同时采样 175k SPS 速率模数转换器带 2SHA and 2ADCs（工业级）
44	PQFPAD7872AN	14 位串行输出模数转换器（工业级）
45	DIPAD7891AP-1	12 位四通道同时采样模数转换器（工业级）
46	DIPAD7892AN-1	12 位四通道同时采样模数转换器（工业级）
47	SOICAD7895AN-10	12 位 750k SPS 采样速率模数转换器（民用级）
48	DIPAD7874AN	12 位 750k SPS 采样速率模数转换器（民用级）
49	DIPAD7874BR	12 位 8 通道 200k SPS 速率模数转换器（工业级）
50	SOICAD7886JD	12 位单电源八通道串行采样模数转换器（工业级）
51	DIPAD7886KD	12 位单电源八通道串并行采样模数转换器（工业级）
52	DIPAD7888AR	12 位 600k SPS 采样模数转换器（工业级）
53	DIPAD7890AN-10	12 位单电源 200k SPS 采样速率模数转换器（工业级）
54	DIPAD9042AST	12 位 41M SPS 模数转换器（工业级）
55	LQFPAD9048JQ	8 位 35M SPS 视频模数转换器（民用级）
56	DIPAD9049BRS	9 位 30M SPS 模数转换器（工业级）
57	SSOPAD9050BR	10 位 40M SPS 模数转换器（工业级）
58	SOICAD9051BRS	10 位 60M SPS 模数转换器（工业级）
59	SSOPAD9057BRS-40	8 位 40M SPS 视频模数转换器（工业级）
60	SSOPAD9057BRS-60	8 位 60M SPS 视频模数转换器（工业级）

序号	型　号	名　　称
61	SSOPAD9058JJ	双路 8 位 50M SPS 视频模数转换器（民用级）
62	LCCAD9059BRS	双路 8 位 60M SPS 视频模数转换器（工业级）
63	SSOPAD9066JR	双路 6 位 60M SPS 视频模数转换器（民用级）
64	SSOPAD9071BR	10 位 TTL 兼容 100M SPS 模数转换器（工业级）SOIC
65	AD9200ARS	10 位 20M SPS 模数转换器（工业级）SSOP
66	AD9203ARU	10 位 40M SPS 模数转换器（工业级）TSSOP
67	AD9220AR	12 位 10M SPS 模数转换器（工业级）SOIC
68	AD9221AR	12 位 1M SPS 模数转换器（工业级）SOIC
69	AD9223AR	12 位 3M SPS 模数转换器（工业级）SOIC
70	AD9225AR	12 位 25M SPS 模数转换器（工业级）SOIC
71	AD9226ARS	12 位 65M SPS 模数转换器（工业级）SSOP
72	AD9240AS	14 位 10M SPS 模数转换器（工业级）MQFP
73	AD9243AS	14 位 3M SPS 模数转换器（工业级）MQFP
74	AD9260AS	16 位 2.5M SPS 模数转换器（工业级）MQFP
75	AD9280ARS	单电源 8 位 32M SPS 模数转换器（工业级）SSOP
76	AD9281ARS	单电源 8 位双路 32M SPS 模数转换器（工业级）SSOP
77	AD9283BRS-100	单电源 8 位 100M SPS 模数转换器（工业级）SSOP
78	AD9283BRS-80	单电源 8 位 80M SPS 模数转换器（工业级）SSOP
79	AD9288BRS-80	单电源 8 位双路 80M SPS 模数转换器（工业级）SSOP
80	AD976CN	16 位 100k SPS BiCMOS 并行输出模数转换器（工业级）DIP
81	AD976AN	16 位 100k SPS BiCMOS 并行输出模数转换器（工业级）DIP
82	AD976AAN	16 位 200k SPS BiCMOS 并行输出模数转换器（工业级）DIP

（2）隔离放大器

序号	型　号	名　　称
1	AD202JN	小型 2kHz 隔离放大器（民用级）卧式
2	AD202JY	小型 2kHz 隔离放大器（民用级）立式
3	AD204JN	小型 5kHz 隔离放大器（民用级）卧式
4	AD261BND-1	数字隔离放大器

（3）温度传感器

序号	型　号	名　称
1	AD22100KT	带信号调理比率输出型温度传感器
2	AD22105AR	可编程温控开关电阻可编程温度控制器 SOIC
3	AD590JH	−55℃~150℃测温范围温度传感器 TO-52
4	AD590KH	−55℃~150℃测温范围温度传感器 TO-52
5	AD592AN	低价格，精密单片温度传感器 TO-92
6	AD592BN	低价格，精密单片温度传感器 TO-92
7	AD7416AR	片内带 D/A 数字输出温度传感器 LM35 升级品 可 8 片级联（工业级）SOIC
8	ADXL105JQC	±1g~±5g 带温度补偿加速度传感器（民用级） QC-14
9	ADXL202AQC	±2g 双路加速度传感器（工业级）QC-14

（4）数字同步调制器

序号	型　号	名　称
1	AD9830AST	带 10 位 D/A，25MHz 主频直接数字同步调制器 （工业级）PQFP
2	AD9831AST	带 10 位 D/A，50MHz 主频直接数字同步调制器 （工业级）PQFP
3	AD9832BRU	带 10 位 D/A，25MHz 主频直接数字同步调制器 （工业级）TSSOP
4	AD9850BRS	带 10 位 D/A，125MHz 主频直接数字同步调制器 （工业级）SSOP
5	AD9851BRS	带 10 位 D/A，180MHz 主频直接数字同步调制器 （工业级）SSOP
6	AD9852AST	带 12 位 D/A，200MHz 主频直接数字同步调制器 （工业级）LQFP-80
7	AD9852ASQ	带散热器带 12 位 D/A，300MHz 主频直接数字同步 调制器（工业级）LQFP-80
8	AD9853AS	数字 QPSK/16 QAM 调整器（工业级）PQFP
9	AD9854AST	带 12 位 D/A，200MHz 主频直接数字同步调制器 （工业级）LQFP-80

续表

序号	型 号	名 称
10	AD9854ASQ	带散热器带 12 位 D/A，300MHz 主频直接数字同步调制器（工业级）LQFP-80
11	AD7008AP20	带 10 位 D/A，20MHz 主频直接数字同步调制器（工业级）PLCC
12	AD7008JP-50	带 10 位 D/A，50MHz 主频直接数字同步调制器（民用级）PLCC

（5）振荡器

序号	型 号	名 称
1	AD2S99AP	可编程正弦波振荡器（工业级）PLCC
2	AD537JH	150kHz，集成压频转换器（民用级）TO-99
3	AD537SH	150kHz，集成压频转换器（军用级）TO-99
4	AD650JN	1MHz，电压频率转换器（民用级）DIP
5	AD650KN	1MHz，电压频率转换器（民用级）DIP
6	AD652AQ	2MHz，同步电压频率转换器（工业级）DIP
7	AD654JR	500kHz，低价格电压频率转换器（民用级）SOIC
8	AD654JN	500kHz，低价格电压频率转换器（民用级）DIP
9	AD7741BN	单通道输入 6MHz 压频转换器（工业级）DIPAD7742BN 四通道输入 6MHz 压频转换器（工业级）
10	DIPAD7750AN	两通道乘积/频率转换器电度表专用芯片（工业级）DIPAD7755AARS IEC521/1036 标准电度表专用芯片（工业级）DIP
11	ADVF32KN	500kHz 工业标准压频转换器（民用级）DIP

（6）数模转换器

序号	型 号	名 称
1	AD420AN-32	16 位单电源 4~20mA 输出数模转换器（工业级）DIP
2	AD420AR-32	16 位单电源 4~20mA 输出数模转换器（工业级）SOIC
3	AD421BN	16 位环路供电符合 HART 协议 4~20mA 输出数模转换器（工业级）DIP
4	AD421BR	16 位环路供电符合 HART 协议 4~20mA 输出数模转换器（工业级）SOIC

序号	型　号	名　　称
5	AD557JN	微处理器兼容完整 7 位电压输出数模转换器 （民用）DIP
6	AD558JN	微处理器兼容完整 8 位电压输出数模转换器 （民用）DIP
7	AD565AJD	12 位 0.25μs 电流输出数模转换器（民用）DIP
8	AD568JQ	12 位超高速电流输出数模转换器（民用）DIP
9	AD569JN	16 位 3μs 电流输出数模转换器（民用）DIP
10	AD660AN	16 位 8μs 串并行输入数模转换器（工业级）DIP
11	AD667JN	12 位 3μs 并行输入数模转换器（民用级）DIP
12	AD667KN	12 位 3μs 并行输入数模转换器（民用级）DIP
13	AD669AN	16 位 8μs 并行输入数模转换器（工业级）DIP
14	AD670JN	单电源，内带仪表放大器电压基准源 8 位数模转换器 （民用级）DIP
15	AD7111ABN	0.37dB 对数数模转换器（工业级）DIP
16	AD7111LN	0.37dB 对数数模转换器（工业级）DIP
17	AD7224KN	8 位 3μs 转换时间电压输出数模转换器（民用级）DIP
18	AD7226KN	8 位 4 通道 3μs 转换时间电压输出数模转换器 （民用级）DIP
19	AD7228ABN	8 位 8 通道 5μs 转换时间电压输出数模转换器 （工业级）DIP
20	AD7237AAN	12 位 2 通道 5μs 转换时间电压输出数模转换器 （工业级）DIP
21	AD7237JN	12 位 2 通道 5μs 转换时间电压输出数模转换器 （民用级）DIP
22	AD7243AN	12 位电压输出型数模转换器（工业级）DIP
23	AD7245AAN	12 位 10μs 转换时间电压输出数模转换器 （工业级）DIP
24	AD7249BN	12 位双路串行输出数模转换器（工业级）DIP
25	AD7520LN	10 位 CMOS 数模转换器（民用级）DIP
26	AD7523JN	8 位 CMOS 数模转换器（民用级）DIP
27	AD7524JN	8 位 CMOS 带锁存数模转换器（民用级）DIP

续表

序号	型号	名　称
28	AD7528JN	8 位 180ns 电流输出 CMOS 数模转换器（民用级）DIP
29	AD7528KN	8 位 180ns 电流输出 CMOS 数模转换器（民用级）DIP
30	AD7533JN	10 位 600ns 电流输出 CMOS 数模转换器（民用级）DIP
31	AD7535JN	14 位 1.5μs 电流输出 CMOS 数模转换器（民用级）DIP
32	AD7537JN	12 位双路 1.5μs 电流输出 CMOS 数模转换器（民用级）DIP
33	AD7541AKN	12 位 600ns 电流输出 CMOS 数模转换器（民用级）DIP
34	AD7542JN	12 位 250ns 电流输出 CMOS 数模转换器（民用级）DIP
35	AD7543KN	12 位串行输入 CMOS 数模转换器（民用级）DIP
36	AD7545AKN	12 位 1μs 电流输出 CMOS 数模转换器（民用级）DIP
37	AD7564BN	低功耗四路数模转换器（工业级）DIP
38	AD7574JN	8 位 15μs 电流输出 CMOS 数模转换器（民用级）DIP
39	AD767JN	12 位高速电压输出数模转换器（民用级）DIP
40	AD768AR	16 位高速电流输出数模转换器（民用级）SOIC
41	AD7837AN	12 位双路乘法数模转换器（工业级）DIPAD7845JN 12 位乘法数模转换器（民用级）
42	DIPAD7846JN	16 位电压输出数模转换器（民用级）DIPAD7847AN 12 位双路乘法数模转换器（工业级）
43	DIPAD8522AN	12 位单电源双路电流输出型数模转换器（工业级）DIP
44	AD9708ARU	8 位 100M SPS 双路数模转换器（工业级）TSSOP
45	AD9709AST	8 位 125M SPS 双路数模转换器（工业级）PQFP
46	AD9713BAN	12 位 80M SPS TTL 兼容数模转换器（工业级）DIP
47	AD9721BR	10 位 400M SPS TTL 兼容数模转换器（工业级）SOIC
48	AD9731BR	10 位 170M SPS 双电源数模转换器（工业级）SOIC
49	AD9732BRS	10 位 200M SPS 单电源数模转换器（工业级）SSOP
50	AD9750AR	10 位 125M SPS 数模转换器（工业级）SOIC
51	AD9752AR	12 位 125M SPS 数模转换器（工业级）SOIC
52	AD9760AR	10 位 100M SPS 数模转换器（工业级）SOIC
53	AD9762AR	12 位 100M SPS 数模转换器（工业级）SOIC
54	AD9764AR	14 位 100M SPS 数模转换器（工业级）SOIC

续表

序号	型号	名　称
55	AD9772AST	14 位 300M SPS 数模转换器（工业级）LQFP
56	AD977AAN	16 位 200k SPS BiCMOS 串行输出数模转换器（工业级）DIP
57	AD977AN	16 位 100k SPS BiCMOS 串行输出数模转换器（工业级）DIP

（7）运算放大器

序号	型号	名　称
1	AD515AJH	低价格，低偏置电流，高输入阻抗运放（民用级）TO-99
2	AD515ALH	低价格，低偏置电流，高输入阻抗运放（民用级）TO-99
3	AD517JH	低失调电压，高性能运放（民用级）TO-99
4	AD518JH	宽带，低价格运放（民用级）TO-99
5	AD521JD	电阻设置增益精密仪表放大器（民用级）DIP
6	AD524AD	引脚设置增益高精度仪表放大器（工业级）DIP
7	AD526BD	软件编程仪表放大器（工业级）DIP
8	AD526JN	软件编程仪表放大器（民用级）DIP
9	AD542JH	低价格，低偏置电流，高输入阻抗运放（民用级）TO-99
10	AD545ALH	低偏置电流，高输入阻抗运放（民用级）TO-99
11	AD546JN	静电计放大器（民用级）DIP
12	AD547JH	低价格，低偏置电流，高输入阻抗运放（民用级）TO-99
13	AD548JN	精密 BiFET 输入运放（民用级）DIP
14	AD549JH	低偏置电流，高输入阻抗运放（民用级）TO-99
15	AD549LH	低偏置电流，高输入阻抗运放（民用级）TO-99
16	AD5539JN	高速运放（民用级）DIP
17	AD582KD	$0.7\mu s$ 采样保持放大器（民用）DIP
18	AD585AQ	$3\mu s$ 采样保持放大器（工业级）DIP
19	AD684JQ	$1\mu s$ 四通道采样保持放大器（民用级）DIP

序号	型　号	名　　称
20	AD781JN	700ns 采样保持放大器（民用级）DIPAD9101AR 7ns 建立时间采样保持放大器（工业级）
21	SOICAD600XN	低噪声宽带可变增益双运放（民用级）DIP
22	AD602JN	低噪声宽带可变增益双运放（民用级）DIP
23	AD603AQ	低噪声可变增益运放（工业级）DIP
24	AD606JN	50MHz，80dB 对数放大器（民用级）DIP
25	AD620AN	低功耗仪表放大器（工业级）DIP
26	AD621AN	低功耗仪表放大器（工业级）DIP
27	AD622AN	单电源仪表放大器（工业级）DIP
28	AD623AN	单电源 Rail-Rail 输出仪表放大器（工业级）DIP
29	AD623AR	单电源 Rail-Rail 输出仪表放大器（工业级）SOIC
30	AD624AD	精密仪表放大器（工业级）DIP
31	AD625JN	可编程增益仪表放大器（民用级）DIP
32	AD625KN	可编程增益仪表放大器（民用级）DIP
33	AD626AN	单电源仪表放大器（工业级）DIP
34	AD627AN	单电源低功耗 Rail-Rail 输出仪表放大器（工业级）DIP
35	AD629AN	高电压抑制比差分放大器（工业级）DIP
36	AD648JN	精密，BiFET 输入运放（民用级）DIP
37	AD704JN	精密四运放（民用级）DIP
38	AD705JN	精密运放（民用级）DIP
39	AD706JN	精密双运放（民用级）DIP
40	AD707AQ	精密单运放（工业级）DIP
41	AD707JN	精密单运放（民用级）DIP
42	AD708AQ	双 AD707（工业级）DIP
43	AD708JN	双 AD707（民用级）DIP
44	AD711AQ	精密 BiFET 输入运放（工业级）DIP
45	AD711JR	精密 BiFET 输入运放（民用级）SOIC
46	AD711JN	精密 BiFET 输入运放（民用级）DIP
47	AD712AQ	双 AD711（工业级）DIP
48	AD712JN	双 AD711（民用级）DIP
49	AD713BQ	四 AD711（工业级）DIP
50	AD713JN	四 AD711（民用级）DIP

序号	型　号	名　　　称
51	AD741KN	通用运放（民用级）DIP
52	AD743JN	低噪声，BiFET 输入运放（民用级）DIP
53	AD744JN	精密，双极性运放（民用级）DIP
54	AD745JN	精密低噪声运放（民用级）DIP
55	AD9617JR	1400V/μs，140MHz 带宽高速运放（民用级）SOIC
56	AD9617JN	1400V/μs，140MHz 带宽高速运放（民用级）DIP
57	AD9618JN	1800V/μs，160MHz 带宽高速运放（民用级）DIP
58	AD9630AN	低失真闭环缓冲放大器（工业级）DIP
59	AD9631AN	超低失真宽带电压反馈放大器（工业级）DIP
60	AD96687BQ	高速双电压比较器（工业级）DIP
61	AD9698KN	高速 TTL 兼容双电压比较器（工业级）DIP
62	AMP02FP	高精度仪表放大器（工业级）DIP
63	AMP04FP	单电源精密仪表放大器（工业级）DIP
64	OP07AZ/883C	超低失调电压运放（军用级）DIP
65	OP07CP	超低失调电压运放（工业级）DIP
66	OP07CS	超低失调电压运放（工业级）SOIC
67	OP176GP	低失真低噪声运放（工业级）DIP
68	OP177GP	高精密运放（工业级）DIP
69	OP27GP	低噪声精密运放（工业级）DIP
70	OP291GP	单电源 Rail-Rail 输入输出双运放（工业级）DIP
71	OP295GP	单电源 Rail-Rail 输入输出双运放（工业级）DIP
72	OP296GP	微功耗 Rail-Rail 输入输出双运放（工业级）DIP
73	OP297GP	超低偏置电流精密双运放（工业级）DIP
74	OP297GS	超低偏置电流精密双运放（工业级）SOIC
75	OP37EP	低噪声精密运放（民用级）DIP
76	OP37GP	低噪声精密运放（工业级）DIP
77	OP495GP	单电源 Rail-Rail 输入输出四运放（工业级）DIP
78	OP497GP	超低偏置电流精密四运放（工业级）DIP
79	OP77GP	OP07 改进型（工业级）DIP
80	OP90GP	低电压微功耗精密运放（工业级）DIP
81	OP97FP	微功耗精密运放（工业级）DIP
82	OP97FS	微功耗精密运放（工业级）SOIC

（8）模拟乘法器

序号	型号	名称
1	AD532JH	模拟乘法器（民用级）TO-99
2	AD534JD	模拟乘法器（民用级）DIP
3	AD534JH	模拟乘法器（民用级）TO-99
4	AD538AD	单片实时模拟乘法器（工业级）DIP
5	AD539JN	宽带双通道线性乘法器（民用级）DIP
6	AD633JN	低价格模拟乘法器（民用级）DIP
7	AD734AQ	10MHz 带宽四象限模拟乘法器（工业级）DIP
8	AD834JN	500MHz 带宽四象限模拟乘法器（工业级）DIP
9	AD835AN	250MHz 带宽四象限电压输出模拟乘法器（工业级）DIP

（9）有效值直流转换器

序号	型号	名称
1	AD536AJH	集成有效值直流转换器（民用级）TO-99
2	AD536AJD	集成有效值直流转换器（民用级）DIP
3	AD536AJQ	集成有效值直流转换器（民用级）DIP
4	AD636JH	高精度有效值直流转换器（民用级）TO-99
5	AD636JD	高精度有效值直流转换器（民用级）DIP
6	AD637JQ	高精度有效值直流转换器（民用级）DIP
7	AD736JN	通用有效值直流转换器（民用级）DIP
8	AD737JN	通用有效值直流转换器（民用级）DIP
9	AD737AQ	通用有效值直流转换器（工业级）DIP

（10）电压基准源

序号	型号	名称
1	AD580JH	精密 2.5V 电压基准源（民用级）TO-52
2	AD580LH	精密 2.5V 电压基准源（民用级）TO-52
3	AD581JH	精密 10V 电压基准源（民用级）TO-5
4	AD584JH	引脚设置输出电压基准源（民用级）TO-99
5	AD584JN	引脚设置输出电压基准源（民用级）DIP
6	AD586JN	精密 5V 电压基准源（民用级）DIP
7	AD586JQ	精密 5V 电压基准源（民用级）DIP

续表

序　号	型　号	名　称
8	AD586KN	精密 5V 电压基准源（民用级）DIP
9	AD586KQ	精密 5V 电压基准源（民用级）DIP
10	AD586KR	精密 5V 电压基准源（民用级）SOIC
11	AD587KN	精密 10V 电压基准源（民用级）DIP
12	AD587KR	精密 10V 电压基准源（民用级）SOIC
13	AD588AQ	精密可编程电压基准源（工业级）DIP
14	AD589JH	精密 1.23V 电压基准源（民用级）H-02A
15	AD680JN	精密 2.5V 电压基准源（民用级）DIP
16	AD780AN	2.5V 或 3V 可选输出高精度电压基准源（工业级）DIP
17	REF02CP	精密 5V 电压基准源带温度传感器（工业级）DIP
18	REF03GP	精密低价格 2.5V 电压基准源（工业级）DIP
19	REF192GP	低功耗大电流输 2.5V 电压基准源（工业级）DIP
20	REF192GS	低功耗大电流输出 2.5V 电压基准源（工业级）SOIC
21	REF194GP	低功耗大电流输出 4.5V 电压基准源（工业级）DIP
22	REF195GS	低功耗大电流输出 5V 电压基准源（工业级）SOIC
23	REF43FZ	高精度 2.5V 电压基准源（工业级）DIP

（11）多路转换器和模拟开关

序　号	型　号	名　称
1	AD7501JN	8 选 1 CMOS 多路转换器（民用级）DIP
2	AD7502JN	差动 4 选 1 CMOS 多路转换器（民用级）DIP
3	AD7502KQ	差动 4 选 1 CMOS 多路转换器（民用级）DIP
4	AD7503JN	8 选 1 CMOS 多路转换器（民用级）DIP
5	AD7506JN	16 选 1 CMOS 多路转换器（民用级）DIP
6	AD7507JN	差动 8 选 1CMOS 多路转换器（民用级）DIP
7	AD7510DIJN	四单刀单掷 CMOS 介质隔离模拟开关（民用级）DIP
8	AD7510DIKN	四单刀单掷 CMOS 介质隔离模拟开关（民用级）DIP
9	AD7512DIJN	双单刀双掷 CMOS 介质隔离模拟开关（民用级）DIP
10	AD7512DIKN	双单刀双掷 CMOS 介质隔离模拟开关（民用级）DIP
11	AD7590DIKN	四单刀单掷 CMOS 带锁存介质隔离模拟开关（民用级）DIP
12	ADG201AKN	四单刀单掷模拟开关（民用级）DIP

续表

序号	型　号	名　　称
13	ADG201HSJN	四单刀单掷模拟开关（民用级）DIP
14	ADG211AKN	四单刀单掷模拟开关（民用级）DIP
15	ADG222AKN	四单刀单掷模拟开关（民用级）DIP
16	ADG333ABN	四单刀单掷模拟开关（工业级）DIP
17	ADG333ABR	四单刀单掷模拟开关（工业级）SOIC
18	ADG408BN	8 选 1CMOS 模拟多路转换器（工业级）DIP
19	ADG409BN	差动 4 选 1CMOS 模拟多路转换器（工业级）DIP
20	ADG411BN	四单刀单掷模拟开关（工业级）DIP
21	ADG417BN	单刀单掷模拟开关（工业级）DIP
22	ADG419BN	单刀单掷模拟开关（工业级）DIP
23	ADG431BN	四单刀单掷模拟开关（工业级）DIP
24	ADG436BN	双单刀单掷模拟开关（工业级）DIP
25	ADG441BN	四单刀单掷模拟开关（工业级）DIP
26	ADG442BN	四单刀单掷模拟开关（工业级）DIP
27	ADG506AKN	16 选 1CMOS 模拟多路转换器（民用级）DIP
28	ADG507AKN	差动 8 选 1CMOS 模拟多路转换器（民用级）DIP
29	ADG508AKN	8 选 1CMOS 模拟多路转换器（民用级）DIP
30	ADG508FBN	8 选 1CMOS 带过压保护模拟多路转换器（工业级）DIP
31	ADG509AKN	差动 4 选 1CMOS 模拟多路转换器（民用级）DIP
32	ADG511BN	单电源四单刀单掷模拟开关（工业级）DIP
33	ADG608BN	8 选 1CMOS 模拟多路转换器（工业级）DIP
34	ADG609BN	差动 4 选 1CMOS 模拟多路转换器（工业级）DIP
35	ADG719BRM	单路视频 CMOS 模拟开关（工业级）RM-6
36	ADG736BRM	双路视频 CMOS 模拟开关（工业级）RM-10

（12）电压电流变送器

序号	型　号	名　　称
1	AD693AQ	环路供电，4~20mA 输出传感器信号变送器（工业级）DIP
2	AD694AQ	0~2V 或 0~10V 输入，4~20mA 或 0~20mA 输出信号变送器（工业级）DIP

序号	型　号	名　　称
3	AD694JN	0~2V 或 0~10V 输入，4~20mA 或 0~20mA 输出信号变送器（民用级）DIP
4	AD595AD	K 型（铬-铝）热电偶信号调节器（工业级）DIP
5	AD595AQ	K 型（铬-铝）热电偶信号调节器（工业级）DIP
6	AD598AD	线性可变位移信号调节器（LVDT）（工业级）DIP
7	AD607ARS	低功耗混频器/AGC/RSSC 3V 接收机的 IF 子系统（工业级）SSOP
8	AD630JN	平衡跳制解调器（民用级）DIP
9	AD698AP	通用线性可变位移信号调节器（LVDT）（工业级）PLCC
10	AD720JP	RGB-NTSC/PAL 编码器（民用级）PLCC
11	AD722JR-16	Analog to NTSC/PAL 编码器（民用级）SOIC
12	AD724JR	Analog to NTSC/PAL 编码器（民用级）SOIC
13	AD75019JP	16×16 音频矩阵开关（民用级）
14	PLCCAD7777AR	10 位多路 T/H 子系统（工业级）
15	SOICAD73360AR	16 位 6 通道数据采集子系统（三相电量测量 IC）（工业级）
16	SOICAD8079AR	双通道 260MHz 缓冲器（工业级）
17	SOICAD8108AST	8×8 视频矩阵开关（工业级）
18	LQFPAD8109AST	8×8 视频矩阵开关（工业级）
19	LQFPAD8111AST	16×8 视频矩阵开关（工业级）
20	LQFPAD8115AST	16×16 视频矩阵开关（工业级）
21	LQFPAD8116AST	16×16 视频矩阵开关（工业级）
22	LQFPAD8170AN	2 选 1 视频多路转换器（工业级）DIP
23	AD8174AN	4 选 1 视频多路转换器（工业级）DIP
24	AD8180AN	差动 2 选 1 视频多路转换器（工业级）DIP
25	AD8184AN	4 选 1 视频多路转换器（工业级）DIP
26	AD8402AN-10	2 通道数字电位器阻值 10kΩ（工业级）DIP
27	AD8403AN-100	4 通道数字电位器阻值 100kΩ（工业级）DIP
28	AD9300KQ	4 选 1 宽带视频多路转换器（民用级）DIP
29	AD9483KS-100	8 位 100M SPS 三视频模数转换器（民用级）MQFP
30	AD9500BQ	数字化可编程延迟信号发生器（工业级）DIP
31	AD9501JN	TTL/COMS 数字化可编程延迟信号发生器（民用级）DIP

序号	型 号	名 称
32	AD9801JCST	10 位 6M SPS CCD 信号处理器（民用级）LQFP
33	AD9802JST	10 位 6M SPS CCD 信号处理器（民用级）LQFP
34	AD9803JST	10 位 6M SPS CCD 信号处理器（民用级）LQFP
35	AD9805JS	10 位 3 通道 6M SPS CCD 信号处理器（民用级）MQFP
36	AD9816JS	12 位 3 通道 6M SPS CCD 信号处理器（民用级）MQFP
37	AD9822JR	14 位 3 通道 12M SPS CCD 信号处理器（民用级）SOIC
38	AD9901KQ	线性相位探测器/频率鉴别器（民用级）DIP
39	ADM660AN	DC-DC 转换器（工业级）DIP
40	ADM690AN	微处理器监控电路（工业级）DIP
41	ADM708AN	微处理器监控电路（工业级）DIP
42	ADSP21060KS160	32 位浮点数字信号处理器内存 4M（民用级）PQFP
43	ADSP21060CZ-160	32 位浮点数字信号处理器内存 4M（工业级）PQFP
44	ADSP21062KS-160	32 位浮点数字信号处理器内存 2M（民用级）PQFP
45	ADSP2181KS-133	16 位定点数字信号处理器（民用级）PQFP-128
46	ADSP2181KST-133	16 位定点数字信号处理器（民用级）TQFP-128
47	ADUC812BS	带单片机、8 路 12 位 A/D、2 路 D/A 的数采系统（工业级）PQFP
48	DAC08CP	8 位高速电流输出型数模转换器（民用级）DIP
49	DAC8228FP	8 位双路电压输出型数模转换器（工业级）DIP
50	PKD01FP	峰值检测器（工业级）DIP
51	SMP04EP	7μs 四通道采样保持放大器（工业级）DIP
52	SMP08FP	7μs 八通道采样保持放大器（工业级）DIP
53	SSM2141P	差动线路接收器 Gain＝0dB（工业级）DIP
54	SSM2142P	平衡线路驱动器（工业级）DIP
55	SSM2143P	差动线路接收器 Gain＝-6dB（工业级）DIP
56	SSM2211P	1W 功率差分输出音频功率放大器（工业级）DIP
57	SSM2275P	Rail-Rail 输出双音频功率放大器（工业级）DIP
58	TMP03FS	PWM 输出，直接与微处理器接口数字输出温度传感器 SOIC
59	TMP04FS	反相 PWM 输出，直接与微处理器接口数字输出温度传感器 SOIC
60	TMP36GT9	电压输出温度传感器 TO-92

（13）MAX 系列芯片

序号	型　号	名　　称
1	MAX038CPP	波形发生器
2	MAX1044CPA	60kHz 振荡器自举模式 DC-DC 电荷泵转换器
3	MAX110ACPE	低价格双路 14 位串形模数转换器
4	MAX110BCPE	低价格双路 14 位串形模数转换器
5	MAX111BCPE	低价格 14 位串形模数转换器
6	MAX122BCNG	高速带采保和基准的 12 位模数转换器
7	MAX1232CPA	微处理器监控电路
8	MAX1242BCSA	10 位带 2.5V 基准的串形模数转换器
9	MAX125CEAX	14 位 2×4 通道 4 路同时采集并行模数转换器
10	MAX134CPL	积分型 A/D 转换器，+5V，3-3/4 位
11	MAX135CPI	低功率 A/D 转换器
12	MAX139CPL	积分型 A/D 转换器
13	MAX140CPL	积分型 A/D 转换器
14	MAX1480BCPI	完全隔离半双 RS-485 接口
15	MAX1480BEPI	完全隔离半 RS-485 接口
16	MAX1483CPA	RS-485/RS-442 接口，256 个节点
17	MAX1487CPA	RS-485/RS-442 接口，128 个节点
18	MAX1487ECPA	RS-485/RS-442 接口，+15kV 保护
19	MAX1488ECPD	RS-232 接口，+15kV 保护
20	MAX1489ECPD	RS-232 接口，+15kV 保护
21	MAX148BCPP	低功耗 8 路 10 位 A/D
22	MAX1490BCPG	完全隔离全双 IKS-485 接口
23	MAX158BCPI	高速 8 路 8 位 A/D
24	MAX1771CPA	开关型 DC-DC 变换器
25	MAX1771CSA	开关型 DC-DC 变换器
26	MAX180CCPL	8 路 12 位 A/D
27	MAX186CCPP	串行接口 A/D，带采保，电压基准，12 位，采样速率 133kHz
28	MAX187BCPA	串行 A/D，12 位，采样速率 75kHz
29	MAX189CCPA	低功耗，12 位单通道，串行带采保和电压基准 A/D
30	MAX191BCNG	低功耗，12 位单通道，带采保和电压基准 A/D

续表

序号	型　号	名　　称
31	MAX192BCPP	串行 A/D，10 位采样速率 133M
32	MAX197BCNI	12 位，八通道故障保护，带采保并行 A/D
33	MAX202CPE	RS-232 接口，+5V
34	MAX202CSE	RS-232 接口
35	MAX202ECPE	+15kV 静电保护 RS-232 接口
36	MAX202EESE	+15kV 静电保护，工业级 RS-232 接口
37	MAX202EPE	工业级 RS-232 接口
38	MAX207CNG	RS-232 接口
39	MAX208CNG	RS-232 接口
40	MAX232CPE	RS-232 接口，+5V
41	MAX232CSE	RS-232 接口
42	MAX232EPE	工业级 RS-232 接口
43	MAX235CPG	RS-232 接口 5 组收发器
44	MAX238CNG	RS-232 接口
45	MAX238ENG	RS-232 接口
46	MAX260BCHG	双路，开关电容型 4 阶滤波器
47	MAX260BENG	双路，开关电容型 4 阶滤波器
48	MAX261BCNG	双路，开关电容型 4 阶滤波器
49	MAX262BCNG	双路，开关电容型 4 阶滤波器
50	MAX280CPA	单路，开关电容型 5 阶滤波器
51	MAX291CPA	有源滤波器，时钟可编程
52	MAX292CPA	有源滤波器，时钟可编程
53	MAX293CPA	有源滤波器，时钟可编程
54	MAX294CPA	有源滤波器，时钟可编程
55	MAX297CPA	有源滤波器，时钟可编程
56	MAX301CPE	模拟开关
57	MAX305EPE	模拟开关
58	MAX306CPI	模拟多路转换器
59	MAX3080CPD	失效保护 RS-485/RS-232
60	MAX3082CPA	失效保护 RS-485/RS-232
61	MAX308CPE	模拟多路转换器

序号	型 号	名 称
62	MAX309CPE	模拟多路转换器
63	MAX3100CPD	通用异步收发信机（UART）
64	MAX312CPE	模拟开关
65	MAX313CPE	模拟开关
66	MAX318CPA	模拟开关
67	MAX319CPA	模拟开关
68	MAX3218CPP	RS-232 接口
69	MAX3223CPP	RS-232 接口
70	MAX3232CPE	RS-232 接口
71	MAX325CPA	模拟开关
72	MAX333CPP	模拟开关
73	MAX338CPE	模拟多路转换器
74	MAX339CPE	模拟多路转换器
75	MAX351CPE	模拟开关
76	MAX354CPE	模拟多路转换器
77	MAX354CWE	模拟多路转换器
78	MAX354EPE	模拟多路转换器（工业级）
79	MAX355CPE	模拟多路转换器
80	MAX355CWE	模拟多路转换器
81	MAX366CPA	模拟多路转换器
82	MAX367CPN	模拟多路转换器
83	MAX384CPN	模拟多路转换器
84	MAX391CPE	模拟多路转换器
85	MAX400CPA	运算放大器
86	MAX4016ESA	视频放大器
87	MAX4100ESA	视频放大器
88	MAX4101ESA	视频放大器
89	MAX4106ESA	视频放大器
90	MAX4107ESA	视频放大器
91	MAX4142ESD	视频放大器
92	MAX4146ESD	视频放大器

续表

序号	型　号	名　　称
93	MAX419CPD	运算放大器
94	MAX420CPA	运算放大器
95	MAX427CPA	运算放大器
96	MAX435CPD	运算放大器
97	MAX436CPD	运算放大器
98	MAX440CPI	视频多路转换器/放大器
99	MAX441CPP	视频多路转换器/放大器
100	MAX442CPA	视频多路转换器/放大器
101	MAX4456CPL	视频矩阵开关
102	MAX453EPA	视频多路转换器/放大器
103	MAX457EPA	视频放大器
104	MAX458CPL	视频矩阵开关
105	MAX468CPE	视频缓冲器
106	MAX470CPE	视频缓冲器
107	MAX479CPD	运算放大器
108	MAX480EPA	运算放大器
109	MAX483CPA	RS-485/RS-422 接口
110	MAX485CPA	RS-485/RS-422 接口
111	MAX487CPA	RS-485/RS-422 接口
112	MAX487ECPA	RS-485/RS-422 接口
113	MAX487EEPA	RS-485/RS-422 接口
114	MAX488CPA	RS-485/RS-422 接口
115	MAX490ECPA	RS-485/RS-422 接口
116	MAX491CPD	RS-485/RS-422 接口
117	MAX491ECPD	RS-485/RS-422 接口
118	MAX501AENG	D/A 转换器
119	MAX504CPD	串行，低功耗 D/A 转换
120	MAX505BCNG	四路 8 位 D/A 转换
121	MAX506CPP	D/A 转换
122	MAX509BCPE	D/A 转换
123	MAX512CPD	8 位低功耗 D/A

序号	型 号	名 称
124	MAX515CPA	电压输出串型 10 位 D/A
125	MAX517BCPA	D/A 转换二线接口
126	MAX518BCPA	双路 517
127	MAX526DCNG	四路 12 位 D/A 转换
128	MAX527DCNG	±5V 四路 12 位 D/A 转换
129	MAX528CPP	八路 8 位 D/A 转换
130	MAX530BCNG	低功耗 D/A 转换
131	MAX531BCPD	串行接口，低功耗 D/A 转换，多种电压输出
132	MAX532BCPE	D/A 转换，12 位
133	MAX536BCWE	四路串型电压输出 12 位 D/A
134	MAX538BCPA	D/A 转换
135	MAX543ACPA	D/A 转换
136	MAX551ACPA	12 位 D/A 转换器
137	MAX603CPA	低压差线性稳压器
138	MAX619CPA	DC-DC 电荷泵变换器
139	MAX6225ACPA	基准电压源
140	MAX6225AESA	基准电压源
141	MAX6225BCPA	基准电压源
142	MAX6225BCSA	基准电压源
143	MAX622CPA	DC-DC 电荷泵变换器
144	MAX6250BCPA	基准电压源
145	MAX633ACPA	DC-D 变换器
146	MAX638AEPA	DC-DC 变换器
147	MAX639CPA	DC-DC 变换器
148	MAX660CPA	DC-DC 电荷泵变换器，振荡频率 10kHz 可选择
149	MAX662ACPA	DC-DC 变换器，外围仅需 3 个小电容
150	MAX667CPA	低压差线性稳压器
151	MAX691ACPE	MP 监控电路
152	MAX691CPE	MP 监控电路
153	MAX705CPA	MP 监控电路
154	MAX706CPA	MP 监控电路

序号	型　　号	名　　　称
155	MAX708CPA	MP 监控电路
156	MAX708CSA-T	MP 监控电路
157	MAX709LEPA	监控电路
158	MAX712CPE	电池充电器电路
159	MAX712EPE	电池充电器电路
160	MAX713CPE	电池充电器电路
161	MAX7219CNG	LED 显示驱动电路
162	MAX7219ENG	LED 显示驱动电路
163	MAX724CCK	降压型 DC-DC 变换器
164	MAX726CCK	降压型 DC-DC 变换器
165	MAX729CCK	降压型 DC-DC 变换器
166	MAX730ACPA	降压型 DC-DC 变换器，单频开关噪音
167	MAX733CPA	升压型 DC-DC 变换器
168	MAX735CPA	反向输出 DC-DC 变换器
169	MAX736CPD	反向输出 DC-DC 变换器
170	MAX738ACPA	降压型 DC-DC 变换器，单频开关噪音
171	MAX738AEPA	降压型 DC-DC 变换器，单频开关噪音
172	MAX739CPD	反向输出 DC-DC 变换器
173	MAX739CWE	反向输出 DC-DC 变换器
174	MAX7400CPA	有源滤波器
175	MAX743CPE	双电压输出 DC-DC
176	MAX743EPE	双电压输出 DC-DC
177	MAX749CPA	反向输出 DC-DC 变换器，数字调节 LCD 用负荷电流
178	MAX750ACPA	降压型 DC-DC 变换器，单频开关噪音
179	MAX756CPA	升压型 DC-DC 变换器
180	MAX761CPA	升压型 DC-DC 变换器
181	MAX764CPA	反向输出 DC-DC 变换器
182	MAX765CPA	反向输出 DC-DC 变换器
183	MAX766EPA	反向输出 DC-DC 变换器
184	MAX787CCK	降压型 DC-DC 变换器
185	MAX791CPE	DC-DC 变换器

续表

序号	型　号	名　　称
186	MAX807LCPE	MP 监控电路
187	MAX810LEUR-T	MP 监控电路
188	MAX813LCPA	MP 监控电路
189	MAX813LEPA	MP 监控电路
190	MAX818LCPA	MP 监控电路
191	MAX860ISA	DC-DC 电荷泵，高达 250kHz 的振荡频率
192	MAX865EUA	DC-DC 电荷泵，外围仅需 4 个 3.3MF 电容
193	MAX866ESA	DC-DC 电荷泵
194	MAX874EPA	基准电压源
195	MAX875BCPA	基准电压源
196	MAX882CPA	低压差线性稳压器
197	MAX883CPA	低压差线性稳压器
198	MAX883CSA	低压差线性稳压器
199	MAX907CPA	比较器
200	MAX910CNG	比较器
201	MAX912CPE	比较器
202	MAX913CPA	比较器
203	MAX931CPA	比较器
204	MAX934CPE	四比较器
205	MXD1210CPA	不掉电 RAM 监视器

（14）LM 系列芯片

序号	型　号	名　　称
1	LM12	80W Operational Amplifier 80瓦运算放大器
2	LM124/LM224 LM324/LM2902	Low Power Quad Operational Amplifier 低电压双路运算放大器
3	LM324	Low Power Quad Operational Amplifier 低电压双路运算放大器
4	LM129/LM329	Precision Reference 精密电压基准芯片
5	LM185/LM285 /LM385	Precision Reference 精密电压基准芯片
6	LM135/LM235 /LM335	精密温度传感器芯片

序号	型　号	名　　称
7	LM1458/LM1558	Dual Operational Amplifier 双运算放大器
8	LM158/LM258 /LM358	LM2904 Low Power Dual Operational Amplifier 低压双运算放大器
9	LM18293	Four Channel Push-Pull Driver 四通道推拉驱动器
10	LM1868	AM/FM Radio System 调幅/调频收音机芯片
11	LM1951	Solid State 1 Amp Switch 1 安培固态开关
12	LM2574	Simple Switcher 0. 5A Step-Down Voltage Regulator 0. 5A 降阶式电压调节器
13	LM1575/LM2575	1A Step-Down Voltage Regulator 1A 降阶式电压调节器
14	LM2576	3A Step-Down Voltage Regulator 3A 降阶式电压调节器
15	LM1577/LM2577	Simple Switch Step-Down Voltage Regulator 降阶式电压调节器
16	LM2587	Simple Switch 5A Flyback Regulator 5A 反馈开关式电压调节器
17	LM1893/LM2893	Carrier Current Transceiver 载体电流收发器
18	LM193/LM293/LM393/LM2903	Low Power Low Offset Voltage Dual Comparator 双路低压低漂移比较器
19	LM2907/LM2917	Frequency to Voltage Converter 频率电压转换器
20	LM331	Frequency to Voltage Converter 频率电压转换器
21	LM101A/LM201A/LM301A	Operational Amplifiers 运算放大器芯片
22	LM3045/LM3046/LM3086	Transistor Array 晶体管阵列
23	LM111/LM211/LM311	Voltage Comparator 电压比较器
24	LM117/LM317	3-Terminal Adjustable Regulator 三端可调式稳压器
25	LM118/LM218 /LM318	Operational Amplifier 运算放大器
26	LM133/LM333	3A Adjustable Negative Regulator 3 安培可调负电压调节器
27	LM137/LM337	3-Terminal Adjustable Negative Regulator 可调式三端负压稳压器

序号	型 号	名 称
28	LM34	Precision Fahrenheit Temperature Sensor 精密华氏温度传感器
29	LM342	3-Terminal Positive Regulator 三端正压稳压器
30	LM148/LM248 LM348/ LM149 LM349/LM741	运算放大器
31	LM35	Precision Centigrade Temperature Sensors 精密摄氏温度传感器
32	LM158/LM258 LM358/LM2904	Low Power Dual Operational Amplifiers 低压双运算放大器
33	LM150/LM350	3A Adjustable Regulator 3安培可调式电压调节器
34	LM380	2.5W Audio Amplifier 2.5瓦音频放大器
35	LM386	Low Voltage Audio Power Amplifier 低压音频功率放大器
36	LM3886	High-Performance 68W Audio Power Amplifier With Mute 高性能68瓦音频功率放大器/带静音
37	LM555/LM555C	Timer Circuit 时基发生器电路
38	LM556/LM556C	Timer Circuit 双时基发生器电路
39	LM565	Phase Locked Loop 相位跟随器
40	LM567	Tone Decoder 音频译码器
41	LM621	BrushLess Motor Commutator 无刷电机换向器
42	LM628/LM629	Precision Motion Controller 精密位移控制器
43	LM675	Power Operational Amplifier 功率运算放大器
44	LM723	Voltage Regulator 电压调节器
45	LM741	Operational Amplifier 运算放大器
46	LM7805	LM78xx 系列稳压器
47	LM340	LM78Mxx Series 3-Terminal Positive Regulator 三端正压稳压器
48	LM7905	3-Terminal Nagative Voltage Regulator 三端负压调节器
49	LM7912	3-Terminal Nagative Voltage Regulator 三端负压调节器
50	LM7915	3-Terminal Nagative Voltage Regulator 三端负压调节器
51	LM79Mxx	3-Terminal Nagative Voltage Regulator 三端负压调节器

四、国内外器件与原料供应商

序号	供应商名称（品牌）	公司地址	经营产品	电子品牌
1	AP	中国台湾	驱动 IC、电源	AP
2	ACSIP（群登科技）	中国厦门	无线通信模组（WIFI）、蓝牙耳机天线模组、行动视讯模	ABCC
3	ADI（亚德诺）	美国	模拟微控制器、放大器、RF IC、FM IC、音频 IC、传感器（SENSOR）	ADAU1787
4	ALSC	美国	memory、模拟/混合信号 IC、	ACSIP
5	AMI	美国加州	激励传感器接口、电信产品、定时发生器、无线基带产品、混合信号 ASIC、数字 ASIC、其他标准产品	ACX
6	AmoTech（阿莫泰克）	韩国	压敏电阻、贴片变阻器、陶瓷滤波器/电磁干扰及静电释放、天线、直流无刷马达等	Allegro
7	AMPHENOL（安费诺）	美国	射频连接器	AMPHENOL
8	ANPEC（茂达电子）	中国台湾	电源转换及电源管理 IC、放大器及驱动、离散式功率元件	Analogic Tech
9	AOS（美国万代）	美国	MOS 管、功率 IC、模拟开关、瞬时电压抑制器	Anpec
10	AOT（荣创）	中国台湾	LED 二极管	AOT
11	Arlitech（今展科技）	中国苏州	各类器件	Arlitech

序号	供应商名称（品牌）	公司地址	经营产品	电子品牌
12	AVX	中国香港	电容器、保护器件、电子连接器等	AVX
13	Awinic（上海艾为）	中国上海	模拟/数字混合信号/音频功放/触摸屏控制/背光驱动/音乐 IC、SIM 卡接口控制器	Awinic
14	BOSCH（博世）	德国	传感器	Bosch
15	Bright Led（佰鸿）	中国台湾	LED 二极管	Bright Led
16	CITIZEN（西铁城）	美国	各类器件	CITIZEN
17	Coilcraft（线艺）	美国	射频和功率电感	Coilcraft
18	Comchip Technology（典琦科技）	中国台湾	整流/肖特基二极管，桥式整流器	ComChip
19	Conwise Technology（康奈科技）	中国台湾	系统级芯片、蓝牙 IC	ConWise
20	CYNTEC（台湾乾坤电子）	中国台湾	各类器件	Cyntec
21	Diodes（美台）	美国	二极管、整流器、晶体管、MOSFET、保护设备、针对特定功能的阵列以及包括 DC-DC 切换和线性稳压器、放大器和比较器、霍尔效应传感器在内的电源管理设备	DBL
22	ECT（深圳电连精密技术）	中国深圳	手机连接器（微波射频、电源功率、高速数字）	Diodes
23	EPCOS（爱普科斯）	德国	电容器、电感器、表面声波元件、陶瓷电子元件	Epcos
24	EPSON（爱普生电子）	日本	LCD 控制器、USB 控制芯片、晶振、晶体、滤波器、传感器、光学器件	Epson
25	ETEK（无锡力芯微）	中国无锡	电源管理/逻辑电路/音频功放/显示驱动/音响/游戏/来电显示 IC	Epson-Toyocom

序号	供应商名称（品牌）	公司地址	经营产品	电子品牌
26	EUTECH（德信）	中国台湾	音频放大器，电源管理/电池管理 IC、马达驱动器、电压转换器、LED 驱动器	ETEK
27	Everlight（台湾亿光）	中国台湾	LED 灯	EuTech
28	Eyang（宇阳）	中国深圳	片式多层陶瓷电容器	EVERLIGHT
29	Fairchild Semiconductor（飞兆半导体）	美国	耦合器、MOS 管、二极管、整流器等	Eyang
30	FANGTEK（方泰）	中国上海	移动/模拟/数字混合信号 IC	Fairchild

参考文献

［1］LIU W，ANGUELOV D，ERHAN D，et al. SSd：Single shot multibox detector［C］//European Conference on Computer Vision. Switzerland：Springer，Cham，2016：21-37.

［2］REDMON J，FARHADI A. YOLO9000：better，faster，stronger［C］// IEEE Conference on Computer Vision and Pattern Recognition（CVPR）. New York：IEEE，2017：6517-6525.

［3］REN S，HE K，GIRSHICK R，et al. Faster R-CNN：Towards Realtime Object Detection with Region Proposal Networks［C］//Advances in Neural Information Processing Systems. New York：IEEE，2015：91-99.

［4］章小宝，陈巍，万彬，等. 电工电子技术实验教程［M］. 重庆：重庆大学出版社，2019.

［5］孙梯全，龚晶. 电子技术基础实验［M］. 南京：东南大学出版社，2016.

［6］常天庆. Multisim10电路仿真及应用［M］. 北京：机械工业出版社，2010.

［7］刘京南. 电子线路实践［M］. 南京：东南大学出版社，2011.

［8］刘陈. 电子系统设计与实践教程［M］. 北京：人民邮电出版社，2014.

［9］陈军，胡健生，龚晶，等. 电子技术基础实验［M］. 南京：东南大学出版社，2011.

［10］郭永贞，许其清，袁梦，等. 数字电子技术［M］. 南京：东南大学出版社，2018.

［11］欧阳星明，溪利亚. 数字电路逻辑设计［M］. 北京：人民邮电出版社，2015.

［12］李立，陈艳，冯文果，等. 实用电子技术基础实验指导［M］. 重庆：重庆大学出版社，2017.

［13］宋军，吴海青，刘砚一，等. 模拟与数字电子技术实验教程［M］. 南京：东南大学出版社，2018.

［14］黄丽薇，王迷迷. 模拟电子电路［M］. 南京：东南大学出版社，2016.

［15］左芬，杨军. 模拟电子技术［M］. 南京：南京大学出版社，2021.

［16］姜桥，邢彦辰，曲伟，等. 电子技术基础［M］. 北京：人民邮电出版社，2013.